码上学技术·设施园艺作物生产技术系列

U0380625

曾　辉　等◎编著

视频图文版
设施食用菌生产技术

SHIPIN TUWENBAN

SHESHI SHIYONGJUN SHENGCHAN JISHU

中国农业出版社

北　京

编著人员名单

主　编　曾　辉

副主编　舒黎黎　蔡志欣　卢政辉　宋　爽

　　　　　于海龙　曾志恒　张美彦

其他编著者（按姓氏拼音排列）

　　　　　姜　宁　柯斌榕　卢彩鸽　吕贝贝

　　　　　祁亮亮　仇志恒　许彦鹏　王　翠

　　　　　王守现　张晓妍　周　峰

目　录

1

视频目录

第一章 设施食用菌生产概述

广义上的设施食用菌生产是采用人工技术手段，改变自然光温条件，创造有利于食用菌生长的环境因子，使之能够全天候生长的设施工程。狭义上设施食用菌生产是封闭式周年栽培或工厂化栽培，即在不同气候条件下，在单位土地面积内，利用设施、设备创造出适合不同菌类不同发育阶段的环境，进行立体、规模化、反季节周年栽培。其目的是提高周年复种指数，提高设施和设备的使用效率，提高资金周转率，在短时间内获得可观的经济效益，是一种新型的、现代农业企业化管理的栽培方法。

近年来，我国食用菌产业迅速发展，食用菌已成为仅次于粮、油、果、菜的第五大类农产品。根据中国食用菌协会对29个省份（不含宁夏、海南，以及港澳台）的食用菌产量统计，2022年全国食用菌鲜品总产量为4 222.54万吨，实现总产值3 887.22亿元，全国各类食用菌产品出口量为68.25万吨，出口创汇31.52亿美元。食用菌产业已经成为我国国民经济中新兴的农业产业。发展食用菌产业，对于优化农村产业结构、增加农民收入和地方财政收入、改善城乡人民生活和出口创汇等都有重要现实意义。

目前，我国食用菌正处于设施化生产替代传统栽培模式的过渡时期，由产能低下到产能优化，由粗放管理到精细管理，设施化生产头部企业将进一步做大做强，努力赶超食用菌工厂化发达国家的水平。食用菌设施化生产需要较高的生产技术，菌种的选育、保藏及栽培生产等均需要丰富的经验，这就需要加强对专业

人才的培养，做好人才储备。

当前，我国食用菌设施化、工厂化生产正处于蓬勃发展的大好时期，食用菌相关从业人员要抓住机遇使其持续发展。

一、设施食用菌发展道路与目标

发展设施食用菌产业首先要思考三个问题：一是环境，设施食用菌要适应当地自然环境；二是资源，即设施食用菌要充分利用当地自然资源；三是借鉴，需要借鉴一切先进设施食用菌发展技术和经验。美国和荷兰等发达国家具有当今世界最先进的食用菌生产装备和系统，应当学习、借鉴，但不能照搬。我国幅员辽阔，环境和资源多样，设施食用菌生产应该走多样化道路，不依托于某一种类型。

建议总体目标为：2025年前，以满足人们对食用菌产品量和质的需求为导向，通过供给侧结构性改革，全面完成设施食用菌提档升级和提质增效，全面实现"设施食用菌产业的2.0"（设施和生产已有相应规范）；同时，研发和示范现代设施食用菌生产系统，探索设施食用菌智能化系统。2035年前，以提高"三率"（产出率、生产率和资源利用率）为导向，通过科技创新追求中国特色设施食用菌现代化，主要产区实现"设施食用菌产业的3.0"（设施现代化、主要生产工序机械化）；探索和示范设施食用菌智能化系统。2050年前，以节能、省力、高效为导向，充分利用现代科技创新成果，完成中国特色设施食用菌智能化，主要设施食用菌产区实现"设施食用菌产业的4.0"（设施食用菌智能化）。

二、食用菌生产的设施类型

（一）普通食用菌生产设施类型

建议以当地最低气温为主要依据选择设施类型。最低气温低于−10℃的地区，以日光温室为主，塑料大中棚（含连栋）为辅；

最低气温在−10～0℃的地区，以塑料大中棚（含连栋）为主，日光温室和小拱棚为辅；最低气温在0～5℃的地区，以遮阳棚为主，塑料大中小棚（含连栋）为辅；最低气温高于5℃的地区，宜主要采用遮阳棚，以小拱棚为辅。

（二）工厂化食用菌生产设施类型

最低气温低于−10℃或最高气温高于30℃的地区，宜以环境自控保温库为主、环境自控温室为辅。最低气温高于−10℃及最高气温低于30℃的地区，宜以环境自控保温库与环境自控温室并重。

三、设施食用菌发展的重点

（一）推进设施食用菌产业提质增效

实现设施设备标准化，生产技术规范化，资源利用高效化。

（二）研发中国特色设施食用菌现代化装备与系统

实现设施装备节能节本现代化，包括设施结构现代化、环境调控自动化；设施食用菌栽培现代化，即生产机械化、栽培模式与技术标准化；设施食用菌产后处理现代化，涉及产品可追溯化、产品分选机械化、产品贮运冷链化。

（三）探索中国特色设施食用菌智能化装备与系统

如环境调控节能节本智能化装备与系统，节能节本智能化生产及采后处理装备与系统。

（四）多种生产模式并存

促进设施食用菌经营规模化。以家庭农场为主体的农法设施食用菌生产模式，组成合作组织；以企业为主体的农法设施食用菌生产模式，企业推广品牌、标准，并进行培训、示范、生产资料供应及加工，生产让给准入的农户去做；以企业为主

体的工厂化食用菌生产模式，要进一步在规模效应、清洁生产上下功夫。

（五）完善设施食用菌产业服务体系和流通体系

网络化的服务体系是食用菌产业健康发展的保障，包括政府服务体系和企业服务体系。政府服务体系涉及技术服务体系、信息服务体系、减灾防灾服务体系等；企业服务体系涉及设施设备服务体系、生产服务体系、产后服务体系、特殊技术服务体系等。推进设施食用菌产品流通便捷化，推进基地与超市对接、线上直销、基地批发等市场销售渠道。

四、食用菌设施环境与工程领域重点任务

（一）设施设备设计

根据食用菌对环境的基本要求和自然环境的变化规律，食用菌专用设施装备建议按照如下要求进行设计。

（1）日光温室设计要求。需要考虑采光、保温、遮阳、通风、蓄热、降温，要有合理的采光屋面、足够的保温厚度、适宜的遮光装置、良好的通风系统、有效的蓄放热温控系统。

（2）塑料大棚设计要求。需具有适宜的抗风雪荷载能力，一定的保温能力，通风良好，遮光适宜。

（3）食用菌工厂化装备要求。保温性能和通风性能好，环境自动控制能力强，生产装备齐全，生产管理物联网化程度高。

（二）建立食用菌设施环境模型和生长发育模型

智能化的关键是模型，而不是系统，没有众多精准模型，就不可能有智能化。设施环境模型和生长发育模型是食用菌数字化远程控制的基础，是提升食用菌设施装备与技术水平的基础，是带动大宗食用菌精准和标准化栽培技术提升的基础。

未来食用菌产业的发展应瞄准国家对产业的需求导向，树立

大食用菌产业和工业化思维理念，依托我国特色资源和政策优势，以食用菌文化和科技创新为两翼，以食用菌精深加工和品种选育为主攻方向，以品牌和质量升级为重点，实现以农法为主，工厂化发展，过程自动化，品种多样化，设施轻简化，管理标准化，利用高值化等为内涵，走出一条低成本、低能耗、健康安全、高产优质高效的中国特色食用菌产业发展之路。

第二章 设施食用菌的生物学基础

一、栽培生理生化

食用菌整个生活史可以粗分为营养生长和生殖生长两个阶段。前者是构建菌丝体，后者是在前者的基础上，进入生殖期，为繁衍群体作贡献。生活史从孢子的萌发开始，进入菌丝体的生长阶段，经过组织分化，最后转入子实体的形成阶段。食用菌在适宜的环境条件下生长时，从外界不断吸收营养物质，进行同化和异化。

（一）营养生长

生长是个较模糊的名词，因为它也带有发展和分化的含义。例如，菌丝的特异化（如菌索），又如有些真菌可在营养条件、二氧化碳浓度或温度改变的情况下产生第二种形态（如鲁氏毛霉在缺少氧气的情况下会变为酵母状）。芽管的伸长、菌丝隔膜的形成、琼脂平板上菌落直径的增加、液体中菌丝干重的变化等，是常规而具体的生长概念。细胞生长时，细胞延伸和长大，必然伴随细胞壁的增长。细胞若要分裂增多，也必然要构建新的亚细胞结构或各种细胞器。在此过程中，物质的吸收、活跃的代谢、前体物质的产生与转运也都是生长的表现。

1.菌丝的生长点 食用菌菌丝是随着顶端生长而伸长的。在顶端下面的亚顶端区，内质网和高尔基体不断制造泡囊。泡囊中含有丰富的多糖、几丁质合成酶、溶壁酶、酸性磷酸酯酶、碱性磷酸酯酶和几丁质前体。

菌丝生长点的生长过程，简单来讲，就是泡囊携带的各种酶使原有细胞壁不断分解，同时又不断合成新细胞壁的过程。

2.生长速度的变化　食用菌的萌发与生长和其他生物一样，也有其自身的节奏和规律。就生长速度而言，可分为5个阶段：起步（或缓慢）期、加速生长（或对数生长）期、减速期、停顿期、死亡期。这些变化与生理生化相关，如反映生理机能的变化，多数与菌龄和生长条件有关。目前，人们采用连续培养的方法，通过不断补充营养物质、洗脱或排除有毒或老化物质、不时纠正不适合的pH，保证菌丝处于最适生长环境，以维持其生理机能。

3.养分的输送　培养基内的菌丝吸收养分，经由细胞通道，输送到菌丝的顶端。菌丝是由多细胞组成的中空的管状结构，不同细胞之间通过隔膜上的孔道联系在一起，各种小分子物质能够实现流通，由此起到运输养分的作用。

4.双核化　按照发育的顺序，菌丝体可分为初生菌丝体、次生菌丝体和三次菌丝体。刚从孢子萌发形成的菌丝体称为初生菌丝体（又称一次菌丝体），这种菌丝特别纤细，菌丝每个细胞中都含有1个细胞核，因此又称单核菌丝；但双孢蘑菇除外，其多数担孢子萌发时就含有2个核。

担子菌中初生菌丝体生活时间很短，在初生菌丝体上可形成厚垣孢子、芽孢子和分生孢子等无性孢子。一般而言，单核菌丝只有经过双核化形成双核菌丝后才能形成子实体（彭卫红等，2001），即2条初生菌丝经过原生质体融合（质配），发育成次生菌丝体，次生菌丝体中2个单核菌丝体的细胞核并不融合，所以次生菌丝体的每个细胞含有2个细胞核，故又称双核菌丝。

子囊菌，如羊肚菌、马鞍菌、块菌、盘菌等，是由单核孢子形成的单核菌丝，首先扭结形成子实体原基，再经体细胞的结合形成双核化的产囊丝，进而发育成含子囊和子囊孢子的子实体。

由此可见，羊肚菌子实体的产生非常困难，不仅要满足其不同阶段的营养需求，还需要刺激体细胞的结合。了解和掌握羊肚菌有性过程产生的条件，是解决羊肚菌栽培问题的关键。

担子菌中的绝大多数是先由单核孢子萌发形成初生菌丝。可亲和的单核菌丝进行质配，就形成每个细胞中具有2个核的双核菌丝，即次生菌丝。这种菌丝粗壮、分枝多，可长期生活，不断繁衍，当条件适宜达到其生理成熟所需时，就扭结形成担子果。假如条件不适宜子实体形成，不论单核菌丝或双核菌丝都有形成无性孢子的能力，如草菇、双孢蘑菇菌丝的厚垣孢子，滑菇、银耳菌丝的节孢子，金针菇菌丝顶端的粉孢子等都属于无性孢子。

在担子菌纲中约有半数的物种，如侧耳、香菇、银耳、木耳等，其双核化菌丝具有形成锁状联合（clamp connection）的特征，即在双核菌丝的横隔处产生1个锁扣形的侧生突起（图2-1）。这样，凡具有锁状联合的菌丝可以断定是双核菌丝。但还有许多具有双核菌丝的担子菌如双孢蘑菇等并不形成锁状联合，这一点在利用锁状联合作为鉴定杂合子的指标时就需特别注意。

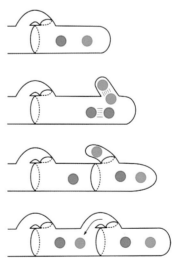

图2-1　锁状联合形成过程

设施食用菌的生物学基础

双核菌丝体进一步发育就可形成一些特殊化的组织，如菌核、菌索及子实体等。这些已经组织化了的双核菌丝体称为三核菌丝体（又称结实性双核菌丝）。在环境不良或繁殖时，一些子囊菌或担子菌通常形成疏松的菌核、菌索、子座等变态状菌丝组织体。它们在繁殖、传播及增强对环境适应性方面有很大的作用。

5.子实体的形成　食用菌在营养生长时期通过代谢形成较庞大的菌丝体，为子实体的生长贮备丰富的生物量。当菌丝体生理成熟后，即转入子实体的分化与发育阶段。食用菌子实体的分化和发育，大致可以划分为原基形成、原基发育、菇蕾生长、子实体发育、孢子（有性孢子如担孢子或子囊孢子）成熟并传播。

原基是指子实体发育的最初阶段。食用菌部分双核菌丝分化为三次菌丝，组成菌索，菌索的内层顶端细胞分化为原基胚细胞，并以此逐渐发育为菇蕾，最后成长为子实体。担子菌的双核阶段，一直要持续到幼担子长成的时候，双核才进行核融合，成为双倍体单细胞核，并立即进行一系列的细胞学或遗传学过程，染色体进行减数分裂，然后四分体子核进入担孢子，从而恢复单倍体单核世代。

（二）生殖生长

在培养基质内大量繁殖的营养菌丝，遇到光、低温等物理条件和搔菌之类的机械刺激，以及培养基的生物化学变化等诱导，或者有适合出菇（耳）的环境条件时，菌丝即扭结成原基，进一步发育成菌蕾、分化发育成子实体，并产生孢子。从原基形成到孢子的产生，这个发育过程称为生殖生长阶段，也叫子实体时期。

1.有性生殖与有性孢子　通过两性生殖细胞的结合而产生新个体的过程称为有性生殖。食用菌在有性繁殖中，通过减数分裂形成有性孢子，菌物的有性孢子主要有5种类型：休眠孢子囊、卵孢子、接合孢子、子囊孢子和担孢子。食用菌的有性孢子一般为子囊孢子或担孢子。

与高等动植物不同，食用菌没有专门的性器官，有性生殖一般表现为2个可亲和的有性孢子（担孢子）萌发形成的两种形态无

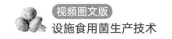

差别但性别不同的初生菌丝之间的结合，其整个过程可分为质配、核配和减数分裂3个阶段。

食用菌不同性别的菌丝能否结合，主要取决于菌丝的不亲和性因子。根据菌丝不亲和性因子的情况，可将食用菌划分为不同交配系统。根据同一孢子萌发生长的初生菌丝能否自行交配这一特征，可将食用菌的有性生殖划分为同宗结合和异宗结合两大类。

（1）同宗结合。同宗结合是一种"雌雄"同体、自身可孕的有性生殖方式。同宗结合的食用菌，不需要2个不同来源的菌丝的交配，由同一担孢子萌发生成的初生菌丝自行交配即可完成有性生殖过程。在已研究的担子菌中，大约只有10%属于同宗结合。

（2）异宗结合。进行异宗结合生殖的食用菌占绝大多数。同一担孢子萌发生成的初生菌丝带有1个不亲和的细胞核，不能自行交配，只有2个不同交配型的担孢子萌发生成的初生菌丝之间进行交配才能形成双核菌丝，进而完成有性生殖。异宗结合是担子菌中普遍存在的有性生殖方式，约占已报道担子菌总数的90%。

了解不同食用菌的有性生殖特性，在生产上有重要意义。属于同宗结合的食用菌，由于自身可以形成双核菌丝并产生子实体，因此担孢子萌发得到的纯菌丝体可直接用于出菇实验。而异宗结合的食用菌，只有用亲和的单核菌丝体结合后形成的异核双核菌丝体作菌种，才能培育出子实体，满足生产需要。

食用菌的孢子与植物种子的意义一样，但孢子不等同于双倍体的植物种子。掌握食用菌孢子的形态构造、化学成分及其与生理功能的关系，了解食用菌孢子发育、成熟的过程和特点，熟悉食用菌孢子休眠、活力、寿命、萌发以及孢子处理的概念、机理和变化规律，并运用这些理论来阐明孢子制作、贮藏和质量检验的技术原理，对食用菌孢子的深入研究具有重要的意义。

2.无性生殖与无性孢子　不通过生殖细胞的结合而由亲代直接产生新个体的生殖方式称为无性生殖。在无性繁殖中，食用菌不经过减数分裂，没有重组便产生无性孢子。无性孢子主要有游动孢子、孢囊孢子、分生孢子和厚垣孢子。在食用菌栽培中，子实体、菌索、菌核的组织分离及菌种转管（瓶）传代，都是利用食用菌无性生殖的特性繁殖后代的。

3.食用菌的准性生殖　准性生殖是不通过减数分裂而进行基因重组的一种生殖方式，常见于丝状菌中（包括食用菌和霉菌）。准性生殖过程包括异核体的形成、杂合二倍体的形成，以及有丝分裂交换和单倍体化。准性生殖和有性生殖都是发生基因重组的生殖过程。通过准性生殖也可以在食用菌中进行杂交育种。

二、环境条件与营养

（一）环境条件

1.温度　温度是影响食用菌生长发育的重要因素之一。不同的食用菌品种，甚至同一品种的不同生长阶段，对于温度的要求存在较大差异。低温出菇的有金针菇和滑菇（滑子蘑）；高温出菇的有草菇；香菇、双孢蘑菇、平菇、猴头菇等属于中低温型食用菌；木耳、银耳及竹荪等属于中温型食用菌。

温度对食用菌生长发育的影响存在以下几种特殊情况。①食用菌的菌丝体耐低温，不耐高温。例如，口蘑菌丝体在自然条件下，至少可耐 $-13.3\,℃$ 低温；香菇菌丝体在段木内遇到 $-20\,℃$ 低温仍不死亡；双孢蘑菇在环境温度超过 $35\,℃$ 时，5小时就会死亡。②菌丝体生长速度最快时的温度，不一定就是生理上最适培养温度，所以一般生产中会低 $2\,℃$ 管理。例如，双孢蘑菇的菌丝在 $24\sim25\,℃$ 时，其生长速度虽快，但稀疏无力，不如在 $22\,℃$ 条件下生长的菌丝体浓密健壮。③部分食用菌需要变温刺激才能形成原基。就香菇而言，昼夜温差增大，才可以刺激成熟的菌丝体形成原基，等到菇蕾破树皮而出后，其子实体发育成长所需的温度、水分及空气等条件则另有要求。④子实体阶段不同的食用菌对温度要求更复杂，工厂化生产常用食用菌品种与农法栽培品种有很大的差别，其育种目标主要集中在 $18\,℃$ 以下出菇的品种，生育过程所需的温度可分为菌蕾期温度、抑制期温度、控菇形温度和采

收期温度。

2.水分　水分不仅是食用菌的重要组成成分，也是其吸收营养的介质和养分输送的工具，同时也是食用菌生长发育过程中必不可少的条件。不同阶段对基质含水量和空气湿度的要求不同。例如，在香菇和金针菇的代料栽培中，培养料的含水量为干料质量的1.8～2.6倍时，菌丝生长最佳。但在子实体分化发育期，则以含水量为干料质量的2.6～3.4倍为最佳。

食用菌工厂化生产过程中，对湿度的要求很精准，食用菌的产量与水有很大的关系，所以对基质持水力的研究成为增产的关键。一般适合食用菌生长的培养料含水量约为湿料总质量的60%，过多的水分会影响菌丝的呼吸，导致菌丝因缺氧而窒息。在子实体形成发育阶段，水分管理是关键。此时的环境相对湿度，一般控制在80%～95%，同时保持空气流通。如此既能保障菌丝呼吸，又能保持子实体湿润。

3.氧气与二氧化碳　一般说来，食用菌都是好气型的，不同的品种及不同的发育阶段对氧气的需求量有所不同。呼吸是食用菌代谢中不可或缺的生命活动，吸进的氧气与呼出的二氧化碳是密切相关的，二氧化碳在空气中的含量过高，对子实体生长发育有毒害作用，但各种食用菌对二氧化碳浓度的耐受能力是不同的。

4.光照　光照对于食用菌子实体分化和发育意义重大，光质、光强和光周期都会对不同的食用菌产生不同的影响。在子实体分化和发育方面，已知的栽培食用菌中，只有双孢蘑菇和大肥菇可以在完全黑暗的条件下正常成长，其他食用菌子实体的生长分化均需要光照。但是，光照对菌丝生长没有积极作用，甚至抑制菌丝生长。

（二）营养物质及配比

1.食用菌生长所需的营养物质　食用菌生长所需的营养物质，从总体上来说有碳、氮、生长素及无机盐等。

（1）碳源。构成食用菌细胞和代谢产物中碳素来源的物质即为食用菌的碳源。食用菌可以吸收利用的碳源都是有机物，葡萄糖、有机酸和醇类等小分子物质可以被直接吸收利用，大分子有机物如淀粉、纤维素等需经酶解后才能被吸收利用，无机物如二氧化碳不能被食用菌吸收利用。碳源是菌丝生长的能源，用于子实体的形成和组织的构建。制作母种培养基的碳源主要是葡萄糖、蔗糖等；制作栽培种及栽培生产用的培养料主要是富含纤维素、半纤维素、果胶质和木质素的原料，如锯木屑、棉籽壳、稻草、玉米秸秆、麦秸等。近年来，美国、日本在堆肥、木屑等培养料中添加1%～5%的亚油酸、棉籽油和动物油脂（经乳化处理），能有效提高食用菌产量。

（2）氮源。被食用菌用来构建细胞或代谢产物中氮素来源的营养物质即为食用菌的氮源。它是酶生成之本，可以形成菌体结构，提高菌丝体密度。食用菌的菌丝体主要利用有机物中的氮素，它可以直接吸收氨基酸、尿素、氨和硝酸钾等小分子含氮化合物，而蛋白质等高分子化合物则必须经蛋白酶水解为氨基酸后才能被吸收。栽培食用菌常用米糠、麸皮、豆饼粉、棉籽饼粉、蚕蛹粉及马粪等廉价且良好的氮源。制作菌种常用的氮源有马铃薯汁、酵母汁、玉米浆和蛋白胨等。食用菌虽然能够利用无机氮，但一般生长缓慢。工厂化配方中的含氮量与子实体对氮的需求有关，如金针菇子实体对氮需求为1.5%，海鲜菇子实体对氮需求为0.90%～1.05%，杏鲍菇子实体对氮需求为1.2%～1.8%，双孢蘑菇子实体的含氮量需求为2.2%。

食用菌的栽培原料中，氮的含量对食用菌菌丝的生长、子实体的形成和发育有很大的影响。在子实体形成时，培养料中的氮素含量必须低于菌丝生长期的氮素含量，含量过高反而不利于子实体的发育和生长。菌丝生长期氮素含量的质量分数以0.016%～0.032%为宜，含氮量低于0.016%时，菌丝生长不良，甚至受到阻碍。含氮量过高，菌丝生长旺盛，生殖生长受到抑制。

（3）无机盐。食用菌的生长发育需要一定的无机盐，如磷酸氢二钾、磷酸二氢钾、碳酸镁、硫酸钙、硫酸亚铁、硫酸锌、氯

化锰等。菌丝体从这些无机盐中分别获得磷、钾、镁、钙、铁、锌、锰等元素，其中尤以磷、钾、镁三种元素最重要。所以食用菌培养料中常常添加磷酸二氢钾、磷酸氢二钾及硫酸镁等无机盐（添加量为 100 ~ 500 毫克/升）。

（4）生长素。食用菌的生长发育需要某些生长素。食用菌对生长素的需要量很少，但不可缺少，一旦缺少，就会影响其正常的生长发育。例如，维生素 B_1 以辅酶的形式促使香菇、双孢蘑菇菌丝体中贮存的养分顺利地转移到子实体中，促进香菇、双孢蘑菇形成子实体。

2. 营养物质的配比及 pH 调节

（1）碳氮比。碳氮比（C/N）是指培养基质中碳素和氮素的比值，对食用菌的营养生长和生殖生长影响很大。食用菌在菌丝迅速生长期间，其基质的 C/N 高，往往有利于脂肪的合成，基质 C/N 为 30 : 1 左右最佳。在子实体分化发育阶段：C/N 过高，则不能形成菌蕾；C/N 过低，则会使众多的原基夭折；基质 C/N 约为 18 : 1 最佳。在孢子萌发的前期需 C/N 高，后期需 C/N 低，说明其内呼吸作用在前期需动用并消耗其所贮存的脂质和糖类，而在后期需动用并消耗其贮存的蛋白质和核酸等主要含氮的物质。但食用菌的品种不同，所采用的合成培养基的组分也不同，对培养基质 C/N 的要求也不同。

（2）酸碱度。酸碱度（pH）是影响食用菌新陈代谢的重要因素。大多数真菌是喜酸性基质的，一般能适应的 pH 范围为 3 ~ 8，其最适的 pH 因品种不同而略有差别。此外，高压灭菌往往会降低培养基的 pH；在生长的过程中，菌丝的代谢产物中往往也出现某些有机酸，使 pH 下降。因此，在配制培养基时，加入适量磷酸氢二钾等缓冲物质，可使培养基的 pH 稳定。在产酸过多时，可添加适量的碳酸钙等，使 pH 得到调整。

第三章 食用菌生产设施、设备

食用菌生产离不开相应的生产设施和设备。食用菌设施化生产一般采用机械化流水线作业，实行标准化生产，连续性、节奏性、均衡性较强（图3-1）。因此，生产场所的设计规划、设备设施安装使用，直接影响着生产技术工艺以及生产作业效率。生产场所设计采用的形式常常取决于多种因素，但必须遵循下述三方面的原则：一是创造有利于食用菌生长发育的环境条件；二是工作流程通畅，操作自如，劳动效率高；三是能够有效防治和杜绝生物病害的发生。

图3-1 双孢蘑菇工厂化菇房

一、生产设施

设施的建造要有一个整体设计，选择好场地，根据食用菌对环境条件的要求修建。可以新建，也可以由其他设施改造，但都要求冬暖夏凉，保温保湿，气流通畅，光照适宜，保证食用菌对温度、湿度、光照和氧气的需要。

（一）场地

生产场地的环境条件要求符合《无公害农产品　种植业产地环境条件》（NY/T 5010—2016），5千米以内无工矿企业污染源，3千米以内无生活垃圾堆放和填埋场、工业固体废弃物和危险固体废弃物堆放和填埋场等。生产场地内部要求整洁、卫生，具有保温、保湿、通风良好的性能。远离公路干线100米以上，交通便利，地势平坦，取水方便。场地设施牢固，具有抗大风、抗大雨、抗大雪等抵抗不良自然灾害的能力。生产用水达到安全要求，水中各种污染物含量均应符合饮用水标准要求。保证生产生活用电需求，生活与生产污水能顺利排放。

（二）菇房（棚）

1.菇房（棚）的类型

（1）农法栽培菇房（棚）。

①窑洞。包括窑洞、山洞、人防工事等。

②普通民房。包括各类常见的砖混或其他材料建造的民房。

③塑料大棚。主要包括拱形塑料大棚、斜坡形塑料大棚、半地下式塑料大棚、地下式塑料大棚、小拱棚等。

④日光温室。利用竹木、水泥预制骨架、钢骨架等材料建造的各类塑料膜或玻璃温室设施。

⑤光伏温室。利用太阳能光伏发电装置，在其下方搭建各类生产食用菌的设施。

（2）工业化菇房。包括利用砖混结构和彩钢板建造的专门用于食用菌生产的出菇场所。这类专用菇房按照食用菌的出菇要求设计建造，一般具有控温、控湿、调光和通风设施和装置，是较高层次的食用菌生产场所。

2.菇房（棚）的选择与搭建

（1）农法栽培菇房（棚）。

①窑洞。

A.窑洞。如在豫西地区，有不少窑洞，稍加改造即可种植食用菌，可以实现提前出菇或延后出菇，每年延长出菇期1～3个月。

B.人防工事。城市的许多单位和企业都建有人防工事，在这些地下洞室内，温度常年稳定在13～18℃，通风及水源问题解决后就可以种植食用菌，能够实现高温期或低温期出菇，延长出菇时间。

②普通民房。普通民房适当改造也可以作为生产食用菌的出菇场所。根据我国北方地区大部分普通民房的特点，最关键的是改造通风窗，在墙体上挖出可以形成对流的通风窗。另外，如果考虑冬季加温，就要修建加温装置，即在室外设置火灶，室内加装升温通道，室外加装排烟通道。

③塑料大棚。按规模可以分为大棚、中棚和小棚。按用材可分为钢骨架大棚、竹木骨架大棚、聚氯乙烯塑料骨架大棚、水泥预制骨架大棚等。从外观上又可分为拱形大棚和斜坡形大棚、地上式大棚和半地下式大棚。

A.拱形塑料大棚。拱形塑料大棚是最常见的一类大棚（图3-2），骨架多采用钢管、PVC塑料、水泥预制件等，规格尺寸一般高2.5～3.0米（中间高度），宽5～10米，长度20～60米不等。棚上覆膜多采用高强度的聚乙烯膜或无滴型聚氯乙烯有色大棚专用膜，保温遮阳材料多采用稻草、麦秸或草苫，遮阳也可采用专用的黑色遮阳网。小拱棚一般高1米（中间高度），宽60～80厘米，长度依条件而定。拱形塑料大棚一般建在土地平整、朝阳、取水方便、交通便利的地方，大棚多东西方向，棚的大小根据生

产量和投资的多少决定。

B.斜坡形塑料大棚。斜坡形塑料大棚采光性好，保暖性好，建造省力，成本低。大棚东西方向，坐北朝南，北面用砖墙或土墙，南面也可不筑墙而直接用塑料膜。大棚北高南低，北墙一般高2.5～3.2米，南墙高1.0～1.5米，北墙厚度要大一些，南北墙上每隔2米左右留一通风孔。大棚骨架多采用竹木或水泥预制件，取材容易，建造省力省工，农村多采用这种形式。

图3-2　拱形塑料大棚

C.半地下式塑料大棚。半地下式塑料大棚内部一般向地面下深挖1米左右，优点是保温保湿性能好，冬暖夏凉，结构简单，建筑省材省工，适合农村及经济欠发达地区，大棚可大可小，拱形和斜坡形均可。

D.日光温室。日光温室是对塑料大棚进行的一种改进和结构优化，可最大限度地利用太阳光能，保温性能好，在寒冷的冬季连续几天阴雨雪天气，室内气温仍不低于5℃，多云或晴天室内温度与外界气温可相差20～25℃，对食用菌生产非常有利。利用日光温室从事食用菌生产，在冬季可以满足食用菌正常生长对温度的要求，解决了一般大棚加温困难、保暖性差的问题，还可以节约大量的燃料费用。

日光温室（图3-3）一般坐北朝南，东西延长，向东或向西偏斜5°～7°。日光温室的结构有土筑墙式和砖筑墙式两类。高度一般2.8～3.0米，后墙高1.8～2.0米，跨度6.5～7.0米，长度50～60米，土筑墙的墙体厚度80～100厘米，砖筑墙的墙体厚度50厘米。

图3-3　日光温室

骨架一般选用钢架材料或竹木材料，也可用专用的水泥预制骨架。棚膜多采用聚氯乙烯耐老化无滴膜或聚乙烯多功能复合膜。砌体墙的保暖材料多用炉渣、锯末、硅石等，后坡的保温材料多用秸秆和草泥，前坡多用草苫或棉被。

E.光伏温室。采用高效率单晶硅太阳电池组件与传统农业大棚相结合的形式发明的光伏温室将风能、光能、储能与现代农业设施有机结合，集太阳能光伏发电、智能温控、现代高科技种植于一体（图3-4）。

图3-4　光伏温室

　　光伏温室主体是在目前广泛使用的三代日光温室的基础上进行改进而来的，采用钢制骨架，上覆塑料薄膜，既保证了光伏发电组件的光照要求，又保证了整个温室的采光需要。

　　（2）工业化菇房。工业化菇房（图3-5、图3-6）通常采用彩钢复合板材，屋顶层采用符合国家相关标准的15厘米厚的复合板，四周墙面采用10厘米厚的复合板，地面采用保温材料外加水泥混凝土，出菇房内放置铁制层架，安装有控制温度、通风、湿度、光照等的相关装置。

图3-5　工业化菇房外景

图3-6　工业化菇房内景

　　食用菌的主要栽培方式有床栽、袋栽、瓶栽、棒栽、砖栽、箱栽等，工厂化生产主要以袋栽和瓶栽为主。不同的生产方式与品种对厂房各功能区域的要求有着很大的区别，对厂房的结构也有着不同的要求。合理设计与建造厂房可以充分利用能源，有效满足生产需求，降低生产成本和管理成本，增强市场竞争力。

　　工厂化生产食用菌在发展现代农业、均衡市场供应、建设农业标准化、保障产品质量安全等方面具有突出优势。但由于必须采用制冷或加热设备调节食用菌厂房温度、湿度和二氧化碳浓度，所以需要消耗大量的电力能源。调查统计显示，电能消耗占食用菌生产总成本的20%～30%。因此，如何减少能源消耗、如何处理食用菌生产厂房的气密性和保温性，已成为食用菌工厂化生产企业亟待解决的问题。同时，食用菌工厂化快速发展面临市场竞争、土地电力供应、技术创新等因素的制约。生产是一项系统工程，影响能耗的因素很多，如不同地区、不同品种、不同设备设施、不同生产工艺等，要想从根本上解决食用菌工厂化生产中存在的高耗能问题，除了要有先进的技术和管理外，最根本的还是要从食用菌生产厂房的设计入手，提倡和推行节能设计。

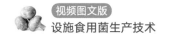

下面列举几种食用菌生产厂房，见图3-7至图3-9。

图3-7　斑玉蕈生产厂房（日产6万袋）

图3-8　双孢蘑菇智能控温大棚（日产10吨）

图3-9　香（花）菇生产厂房（年产5 000万菌棒）

二、生产设备

食用菌代料栽培技术和袋栽技术的推广和发展，以及两者的相互促进，使食用菌生产缓解和摆脱了菌林矛盾，走向平原、城市，成为农、林副业的重要组成部分，具有重大的社会意义和生态学意义，同时也促进了食用菌生产机械和设备的发展；同时，机械化也促进了食用菌生产的集约化、规模化和产业化。

食用菌生产设备，按生产流程来分，一般有原料处理设备、装瓶或装袋设备、灭菌设备、接种设备、环境控制设备及保鲜冷藏设施设备等。

（一）原料处理设备

食用菌生产中，常使用木屑、棉籽壳、玉米芯、麦秸、稻草、豆秸、棉秆、玉米秆等作为原料。这些原料中除棉籽壳外，其余都需要进行粉碎处理。

1.原材料粉碎设备

（1）木屑粉碎机。木屑粉碎机集切片、粉碎为一体，可切屑直径1～20厘米的枝杈及枝干，还可用于竹、茅草、玉米秆、高粱秆等纤维质原料的切屑。主要由喂料口、出料口、旋转刀盘、锤片、风叶轮、环形筛、机架等组成（图3-10）。

工作时，木材投入喂料口，首先在机壳内被旋转刀盘上的飞刀切削成木片，然后及时被锤片锤击成木屑，合格的木屑被机内风叶片旋转产生的气流推向环形筛，由筛孔排往出料口。

（2）秸秆切削粉碎机。秸秆切削粉碎机中以粉碎小麦、

图3-10 木屑粉碎机

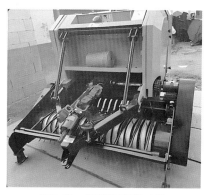

图3-11 秸秆切削粉碎机

玉米等的秸秆为主的粉碎机较多（图3-11）。可以根据粉碎物品的差异，选用相应规格的粉碎机和配套电机，结构和工作原理与木屑粉碎机基本相同。

（3）玉米芯粉碎机。玉米芯粉碎机与秸秆粉碎机有相似的机型，可以通用。因现在玉米芯用量较大，所以大型专用机械较多，型号也较多（图3-12）。

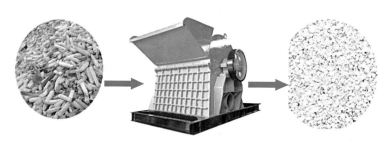

图3-12 玉米芯粉碎机

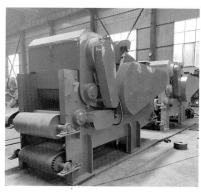

图3-13 粉碎木屑的大型联合粉碎机

（4）大型联合粉碎机。专业化的原料生产加工企业多采用大型的联合设备，自动化程度高，生产效率高，粉碎质量好（图3-13）。

2.筛分设备 筛分设备可将原料按粒度大小分成若干个等级或去除杂质后进行下一步加工。筛面是筛分设备的主要工作部件，常用的筛面有栅筛面、板筛面和编织筛面。按筛面的运动特性，可分为四大类：①振动筛，靠激振器使筛面产生高频振动；②摇动筛，靠曲柄连杆使筛面直线往复运动或摆动；③回转筛，靠驱动装置使筛筒回转实现筛分；④固定筛，筛面不动，靠物料沿工作面滑动而使物料得到筛分。

（1）振动筛。振动筛主要由筛箱、激振器、悬挂（或支承）装置及电动机等组成（图3-14）。根据物料与杂质粒度的不同，靠激振器使筛面产生高频振动，物料在筛面上产生跳动而进行筛选。物料在筛面上产生剧烈跳动，容易松散，有利于筛去小杂质，而且筛孔不易堵塞，筛分效率和生产率较高。

图3-14　振动筛

（2）摇动筛。摇动筛也称摆动筛，主要由筛体、吊杆（或滚轮）、曲柄连杆机构、传动机构和机架组成。摇动筛电机通过皮带传动，使偏心轴旋转，然后由连杆带动筛框做定向往复运动，筛框的运动使筛面上的物料以一定的速度在筛面上移动，同时获得筛分。

（3）回转筛。回转筛靠驱动装置使筛筒回转实现筛分，目前市场上常见的有平面回转筛和圆筒回转筛。平面回转筛主要由进料口、出料口、筛体、偏心机构、传动装置和机架组成。倾角为5°～10°的筛体由传动装置驱动。物料运动轨迹在进料端为水平圆周运动，在长度方向逐渐变成椭圆运动，最后在出料端转变成近似往复直线运动。主要是利用偏心机构使筛面做匀速往复回旋运动，物料与网面接触时间长，网丝对物料产生切割，因而透筛概率大，筛分产量大，筛分精度高，对物料自身结构破坏性小。

（4）固定筛。固定筛一般由机架和筛体两部分组成。工作时筛面不动，靠物料沿工作面滑动而使物料得到筛分。结构简单，

使用寿命长，尤其是不消耗动力，没有运动部件，使用成本比较低。但生产能力和筛分效率也比较低。

3.培养料混合设备　培养料混合是使配制的各种物料分布均匀的关键工序，混合设备的生产效率一定程度上决定工厂的规模。培养料混合设备主要有立式螺旋混合机、卧式螺带混合机和卧式双轴桨叶混合机。

（1）立式螺旋混合机。立式螺旋混合机主要由料筒、内套筒、垂直螺旋、料斗、电机和皮带等组成。工作时将各种需要混合的物料装入料斗内由绞龙向上运送，到绞龙顶端由拨料板抛出，落到绞龙外壳与圆筒之间，由锥形底部将料聚集在一起，再由绞龙向上运送，反复多次，直到混合均匀，打开卸料口，将料排出。

图3-15　卧式螺带混合机

（2）卧式螺带混合机。卧式螺带混合机主要由机体、转子、进料口、出料口和传动机构等组成（图3-15）。机体为U形槽结构，进料口在机体顶部，出料口在底部。转子由主轴、支撑杆、螺带构成，螺带包括旋转方向不同的内层螺带和外层螺带。

工作时槽内物料受螺带的推动，内外层物料相对移动，彼此产生翻滚、剪切和对流作用，如此不断反复使物料混合，混合好的物料从排料口排出。

（3）卧式双轴桨叶混合机。卧式双轴桨叶混合机由机壳、转轴、桨叶、进出料口和传动系统组成，桨叶按螺旋线排列。

工作时混合物料受两个方向旋转的转子作用，进行复合运动。桨叶带动物料一方面沿着机槽内壁做逆时针旋转，一方面左右翻动，在两转子交叉重叠处形成失重区。在此区域内，不论物料的形状、大小和密度如何，都能使物料上浮处于瞬间失重状态，这使物料在机槽内形成全方位连续翻动，相互交错剪切，从而达到快速混合均匀的目的。

（二）装瓶或装袋设备

自动装瓶机（图3-16）可将培养料均匀一致地装入塑料瓶内，并压实料面，打上接种孔，盖好瓶盖。自动装瓶机装料方式有振动式及垂直柱式两种，有每次装12瓶及每次装16瓶的装瓶机，每小时可装3 500～12 000瓶。

图3-16　自动装瓶机

小型立式装瓶装袋机，每小时可装500～600袋（瓶）；小型卧式多功能装袋机，每小时可装400～600袋，料筒和绞龙可以根据菌袋规格更换；大型立式冲压式装袋机要与搅拌机、传送装置一起使用，连续作业的情况下，每小时可装1 200袋，多用于菌种生产厂或金针菇、黑木耳等食用菌工厂化生产。

自动装袋机可将培养料均匀一致地装入袋内，并直接窝口或者扎口，能够极大程度地节约人力。自动装袋机可以根据生产需求调整装料的紧实程度和装袋质量，满足食用菌袋栽生产的需求。装袋机有全自动和半自动之分，全自动装袋机（图3-17）在装袋过程中完全不需要人工参与，可实现机器扎口，扎后的菌袋可直接灭菌；半自动装袋机往往需要人工扎口。

图3-17　全自动装袋机

（三）灭菌设备

灭菌设备包括常压蒸汽灭菌锅、高压蒸汽灭菌锅和干燥灭菌箱。前两种主要用于培养料灭菌，杀灭病原菌，达到基质安全的目的；后一种用于玻璃器皿和金属用具等物品的干热灭菌。

1.常压蒸汽灭菌锅　食用菌生产过程中，常压蒸汽灭菌锅主要用于大批量培养料的灭菌，是在自然压力下，靠热蒸汽流通达到灭菌目的。建造容易，成本低廉，容量大。但灶内温度只能达100℃，灭菌时间长，能源消耗大。

2.高压蒸汽灭菌锅　高压蒸汽灭菌锅灭菌的原理是在一个具有夹层、能承受一定压力的密闭系统内，在锅底或夹层中盛水，锅内的水经加热产生蒸汽，在密闭状态下可获得高于100℃的蒸汽温度，在很短的时间内就可以杀死微生物的营养体及它们的芽孢和孢子，从而达到快速彻底灭菌的目的。高压蒸汽灭菌是食用菌生产中使用较普遍、灭菌效果最好的灭菌方式。高压蒸汽灭菌时一定要将锅内的冷空气排尽，否则会造成灭菌不彻底。高压蒸汽灭菌锅中的蒸汽温度和蒸汽压力成正比，根据不同的培养基确定不同的蒸汽压力和灭菌时间。高压蒸汽灭菌锅常用于培养基、无菌水、接种工具等物品的灭菌。结构严密、操作方便、灭菌时间短、效率高、节省燃料，但价格高、投资大。

3.干燥灭菌箱　干燥灭菌箱又叫干热灭菌锅或干燥箱。电热干燥灭菌箱箱体由双层壁组成，壁中间夹有石棉、珍珠岩等保温材料；箱顶有温度计和通风孔；箱内有隔板，用以存放灭菌或烘干物品；箱内装有电动鼓风机，促使箱内热空气对流，温度均匀。箱的前面或侧面有温度调节器可自动控制温度，最高可达200℃。培养皿、试管、吸管等玻璃器皿、棉塞、滤纸以及不能与蒸汽充分接触的液体（如石蜡）等，都可用干燥灭菌箱灭菌。

（四）接种设备

1.接种箱　接种箱又叫无菌箱，规格较多，一般都是木质结构（图3-18）。箱体长140厘米左右，宽90厘米左右，总高160厘米左右，底脚高75厘米左右。在箱的上部，前后各装有两扇能启闭的玻璃窗。窗的下部分别设有两个直径约13厘米的圆洞，两洞的中心距为40厘米，洞口装有双层布套，操作时两人相对而坐，双手通过布套伸入箱内。箱的两侧

图3-18 接种箱

和顶部为木板，箱顶内安装紫外线灯和日光灯各1支。

接种箱的结构简单，制造容易，操作方便，易于消毒灭菌，适用于专业户制作母种和原种。

2.净化工作台 净化工作台是一种通过空气过滤去除杂菌孢子和灰尘颗粒而达到净化空气目的的装置（图3-19）。空气过滤的气流形式有平流式和垂流式，有单人操作机和双人操作机两种。它由工作台、过滤器、风机、静压箱和支承体等组成。室内空气经预过滤器和高效过滤器除尘、

图3-19 净化工作台

洁净后，以垂直或水平流状态通过操作区，可使操作区保持无尘无菌的环境，是目前比较先进的接种设备。净化工作台的优点是操作方便，有效可靠，无须消毒药剂，占用面积小，可移动；但其缺点是工作台面积小仅适用于实验室和小批量生产，价格较贵，高效过滤器需要定期清洗或更换。

3.连续接种机 连续接种机是大批量生产菌种中常用的设备（图3-20）。特点是方便操作，接种速度快。连续接种机安放在接种室内，待接种的菌袋从墙壁一端的窗口通过自动输送带进入接种室，在接种机内接种完毕后通过输送带从另一端窗口输出。接

图3-20 连续接种机

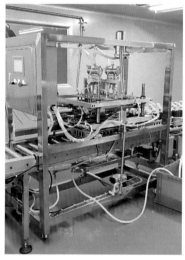

图3-21 全自动液体菌种接种机

种机的工作原理与净化工作台相似,通过空气过滤和紫外线照射来除尘杀菌。

4.液体菌种自动接种机 液体菌种自动接种机在提高接种工作效率的同时,可保证供给栽培容器定量稳定菌种。液体菌种具有纯度高、活力强和繁殖力快的特点,接入培养基内具有流动性好、萌发快、发菌质量高和出菇周期短的特点,有着固体菌种不可比拟的优越性,目前已在食用菌工厂化生产中广泛应用。

全自动液体菌种接种机(图3-21)可实现自动运输→定位→压瓶→启盖→喷射→压盖→输送的连续循环作业。一般每小时可接种4 000 ~ 6 000袋(瓶)。

（五）培养设备

1.恒温培养箱 恒温培养箱也叫恒温箱,体积较小,用于母种和少量原种的培养。结构严密,可根据需要将温度控制在一定范围内。恒温培养箱主要为电热式,由箱体、电热丝和温度调节器等组成(图3-22)。

2.培养架 用于放置菌袋和菌种瓶,竹架、木架或铁架均可,以4 ~ 6层为宜。培养架一般长1.5米,宽0.45米,高2.6米,底层离地面0.25米,生产者可根据需要灵活调整。培养架在室内的放置,四周不宜靠墙,培养架之间应设人行道,宽度以能够方便进出装菌种瓶（袋）的车子为宜。

3.液体菌种培养设备

（1）恒温振荡器。恒温振荡器简称摇床，根据振荡方式可以分为往复式摇床和旋转式摇床两种。在摇床上可进行摇瓶培养，主要用于制备液体菌种。

（2）液体菌种发酵罐。液体菌种发酵罐是液体菌种最理想的生产设备，生产技术成熟、质量稳定，近几年这种设备在生产中推广普及比较迅速。

图3-22　恒温培养箱

（六）环境控制设备

无论是袋栽、瓶栽还是床架栽培，食用菌接种后，整个空间环境条件会直接影响出菇的品质和产量。要做好环境控制，离不开专业的环境控制设备。

1.菇房环境智能控制系统　菇房环境控制系统主要由主控微机、温度传感器、湿度传感器、二氧化碳传感器、光照强度传感器、PLC（可编程逻辑控制器）或单片机智能控制箱，以及风机、空调或制冷系统、加湿器等外围设备构成。

标准化菇房环境控制，一般采用环境综合控制仪，也叫智能控制箱，是专为智能菇房设计的高性能智能化监控仪器。控制器可以采用集散式控制系统，集散式单独对菇房进行自动控制，也可以采用分布式控制系统，通过一台计算机对多台控制器进行统一监测管理，形成两级控制系统，上位机为微型机，下位机是控制器。

采用菇房环境控制器对执行机构进行自动控制，以单片机或PLC为主控板的控制系统，可实现对温度、二氧化碳浓度、光照强度、湿度及循环新风的显示、设置和自动控制（图3-23）。

图 3-23　环境参数实时显示

2.控温设备　食用菌工厂化栽培，依赖于控温设备和自然气候变化相抗衡，借助空调系统对室内环境空气的温度进行调节和控制，达到食用菌每个生长发育阶段最适的温度。

（1）温度传感器。温度计通过传导或对流达到热平衡，从而使温度计的示值能直接表示被测对象的温度。

（2）加热器。主要包括电加热器和油罐加热器。其中电加热器包括电磁加热器、红外线加热器和电阻加热器。

（3）制冷机组。主要分为风冷式制冷机组（图3-24）和水冷式制冷机组（图3-25）两种。根据压缩机形式又分为螺杆式制冷机组和涡旋式制冷机组。在温度控制上分为低温制冷机组和常温制冷机组。

图3-24　风冷式制冷机组

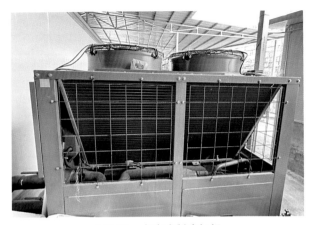

图3-25　水冷式制冷机组

压缩机、蒸发器、冷凝器和节流元件是组成蒸气压缩式制冷系统的主要部件。在实际制冷装置中，为了提高制冷装置运行的经济性和安全可靠性，还增加了许多辅助设备和仪器仪表，如油分离器、储液器、集油器、过滤器等，以及压力表、温度计、截止阀、安全阀、液位计和一些自动化控制仪器仪表等。

3.加湿设备　湿度（水分含量）是影响菌类生长发育的重要条件。传统的人工喷水加湿完全靠个人经验来掌握喷水时间及喷水量等，无法达到加湿均匀、湿度适量等要求，且会消耗过多的人力、财力。随着设施化栽培的不断发展，具有喷雾均匀、加湿效率高、移动灵活等特点的各种加湿器应运而生。

目前食用菌设施化栽培用的加湿器基本分为二流体加湿器、高压微雾加湿器、超声波加湿器、喷雾器4种类型。

（1）二流体加湿器。二流体加湿器（图3-26）是在引进国外先进技术的基础上研制开发的一种新型加湿器。它通过压缩空气将水雾化至直径5～10微米的细小雾滴，经过特制的喷射系统喷射到室内，可确保室内排放的湿气均匀，防止水汽沉降，并能维持高度可靠的稳定加湿效果。造价较低，高效节能，使用方便，易于管理。

图3-26 二流体加湿器

(2) 高压微雾加湿器。高压微雾加湿器是新一代节能高效洁净的加湿设备，使用高压陶瓷柱塞泵通过专业高压管路将净化过的水加压，然后通过高压水管将高压水传送到特殊的微雾喷嘴上，并以直径3～10微米的雾滴喷射到空气中。水雾从空气中吸收热量，从液态变成气态，使空气湿度加大，同时降低空气温度。适用于面积较大的培养室。

(3) 超声波加湿器。采用每秒200万次的超声波高频振荡，将水雾化为直径1～5微米的超微雾滴和负氧离子，通过风动装置扩散到空气中，振动子的寿命在500小时左右，需定期更换。

(4) 喷雾器。喷雾器是利用空吸作用将水变成雾状，均匀地喷射到其他物体上的器具，由压缩空气的装置和细管、喷嘴等组成。

实践表明，除真姬菇、草菇外，空气相对湿度为85%～90%有利于大部分食用菌菌丝和子实体的生长；若空气相对湿度长期处在95%以上，则容易滋生杂菌和引发病虫害，子实体容易腐烂，小菇蕾萎缩死亡。由此可见，湿度管理是食用菌出菇管理中非常重要的一个环节，直接影响到菇的品质和产量，湿度范围必须严格按照食用菌生长的要求进行标准化控制。

4.通风设备 食用菌菌丝培养和子实体生长阶段会产生大量二氧化碳和其他代谢产物，以及大量热能，通风条件直接影响菌丝的营养积累和对杂菌的抵抗能力，最终影响产品的品质与产量。常用的通风设备由感应器、送风系统和排风系统组成。

(1) 感应器。不同品种的食用菌其生长环境温湿度及气体参数也不同，一般要求二氧化碳浓度在0.05%～1.50%。由于空气中二氧化碳浓度非常低，一般在0.03%～0.04%，因此通常采用通风换气的方法降低食用菌生长环境中二氧化碳浓度。通过二氧化碳感应器监测环境中的二氧化碳浓度并通过通风系统控制室外新风的引入和室内空气的排出，实现二氧化碳的动态调节。常用的二氧化碳感应器类型有半导体式二氧化碳传感器、催化剂二氧化碳传感器、热导池式二氧化碳传感器、电化学式二氧化碳传感器、红外线二氧化碳传感器。

(2) 送风系统。①机械送风系统。将室外清洁空气或经过处理的空气送入室内的机械通风系统。②布袋式送风系统。是一种用特殊纤维制成的柔性空气分布系统，可替代传统的送风管、风阀、散流器、绝热材料等，主要靠纤维渗透和喷孔射流的独特出风模式均匀送风至终端系统。面式出风，风量大，整体送风均匀，无吹风感，防凝露；系统运行安静，改善环境质量，易清洁维护；健康环保；美观高档，色彩多样，个性化突出；质量轻，安装简单，灵活，可重复使用；节省成本，性价比高。

(3) 排风系统。利用排风扇将室内的混浊空气定时排出室外，可采用定时排风系统和自动控制系统进行。

5.光控设备

(1) 照明灯。按光源可分为白炽灯、荧光灯、高压气体放电灯等三类。此外，还有应急照明灯，在正常照明电源发生故障时，能有效照明和显示疏散通道，能持续照明而不间断工作。

(2) 调控灯。食用菌栽培中的调控灯一般都是补光灯，主要使用灯带。把LED（发光二极管）灯用特殊的加工工艺焊接在铜线或者带状柔性线路板上面，再连接上电源发光。主要有蓝光灯带（图3-27）、红光灯带、黄光灯带、绿光灯带和白光灯带（图3-28）。

图3-27　蓝光灯带

图3-28　白光灯带

（七）保鲜冷藏设施设备

对食用菌来说，冷藏是行之有效的贮藏方法。少量鲜用，可在拣选分级包装后预冷、预藏；大量产品保鲜，则应在预冷库中进行。食用菌的食用价值在于其新鲜的风味和特殊的口感，保鲜技术的应用即可保证食用菌在一定时间内最大限度地保持风味与口感的稳定。冷藏保鲜设备一般是指通过设备制冷、可人为控制和保持稳定低温的设施。它的基本组成部分有制冷系统、电控装置，有一定隔热性能的库房、附属性建筑物等。本身能维持一定的低温环境，并能运输低温食品的设施及装置，也有人认为属于冷藏保鲜设备。

1.简易保鲜设备　冷是食用菌保鲜的基础，预冷是食用菌保鲜的首要措施。预冷的目的是尽早迅速消除食用菌呼吸热，使食用菌达到贮藏保鲜温度。

（1）简易保鲜盒。采用保温内胆，可以短时间对少量食用菌起到保鲜作用。

（2）冷藏保鲜柜。可以设置保鲜温度，对较多食用菌起到保鲜贮藏的作用。

（3）真空减压保鲜仓。根据真空保鲜技术制作的保鲜设备，可以实现大量食用菌的保鲜贮藏。

（4）薄膜保鲜设备。采用薄膜对食用菌进行包装，能够有效延长保鲜期。

（5）气调保鲜设备。控制环境中的气体成分以及温度、湿度等因素，达到安全保鲜的目的。

2.大型保鲜冷藏设施

（1）冷库。用于食用菌贮藏，可实现超大量产品的保鲜。冷库温度控制在0～3℃时，用塑料袋封装的食用菌可保鲜3～7天（图3-29）。

（2）低温冷库。也称冻库，是指温度控制在－18℃以下的冷库。可以长期保存食用菌鲜菇和经杀青处理的产品。

图3-29　冷库保藏新鲜赤松茸

第四章　食用菌生产技术

一、香菇

（一）概述

香菇（*Lentinula edodes*），又名花蕈、香信、冬菰、椎茸等，隶属担子菌门，伞菌纲，伞菌目，光茸菌科，香菇属。因其具有浓郁的香气，滑嫩的口感，兼具营养、保健价值，所以深受消费者喜爱。香菇是我国生产量和消费量最大的食用菌。中国是世界上最早进行人工栽培香菇的国家，栽培历史已有900多年，大致经历了原木砍花、段木生产和代料栽培3个重要的发展阶段。

我国香菇栽培源自浙江省龙泉、庆元、景宁等地，依靠的是古老的砍花技术，砍花法的最高干香菇年产量是1938年记录的650吨。1928年，日本森本彦三郎首先运用锯木屑菌种接种段木获得成功。段木栽培法就是指将适宜栽培香菇的阔叶树木截成段木，人工接入香菇纯菌种，然后在适宜香菇生长的场地集中进行人工科学管理的方法。段木栽培法使自然状态下进行人工干预的砍花法栽培发展成自然条件下人工控制的栽培方法，实现了自然与人工的统一，是人工栽培香菇历史上的一次技术性革命。这种方法既缩短了香菇的栽培周期，又大幅提高了香菇的产量。1978年，上海市农业科学院食用菌研究所又开创了香菇木屑菌砖代替香菇段木的栽培法，这一方法利用工业下脚料——木屑作为培养料，改变了过去段木栽培的资源浪费，消除了香菇栽培的地域限制，使香菇生产从偏僻的林区迁移到了交通便利的平原地区，香菇产量得到了迅速提高。代料栽培法利用富含纤维素、木质素和半纤维素的木屑等作为培养料，适量配加麸皮、米糠和石膏等物质，配成适宜香菇生长的培养基。这是继香菇段木栽培之后的又一次重大技术革命，大大提高了生物学效率。1982年之前，香菇段木栽培和代料（木屑压块）栽培并存，以段木栽培为主。1983年，福建省古田县彭兆旺等在银耳菌棒栽培的启发下，创造了香菇菌棒栽培技术，比压块栽培简易，迅速在福建省全面推广，使全省香菇产量由1983年的309吨，发展到1989年的13 637吨。随着代料栽培香菇技术的不断完善，香菇成为我国生产区域最广泛、总产量最高、总产值最大的主要栽培食用菌类。

目前我国的香菇栽培以代料栽培为主，保留有极少部分段木栽培。香菇代料栽培经过30多年的发展后，出现了适应不同地区气候特点和栽培传统的多种栽培模式和品种，目前各地主要以香菇层架式栽培为主，生产模式也逐步由一家一户的小农户模式向机械化、设施化、集约化生产模式转变。

（二）生物学特性

香菇菌盖肉质，直径4～12厘米，扁半球形，后渐平展，黄褐色至深肉桂色，多数菌盖覆有鳞片。菌肉厚，白色。菌褶白色至淡黄色，依柄呈放射状生长。菌柄中生至偏生，白色或淡褐色，内实，柱形或锥形，柄长3～6厘米，直径0.5～1.8厘米，菌环以下部分往往覆有纤毛。菌环窄而易消失。孢子无色，光滑，椭圆形，5.0微米×2.5微米。

野生香菇生于壳斗科、桦木科、金缕梅科等阔叶树的倒木上。担孢子萌发最适温度为22～26℃；菌丝生长温度范围为5～32℃，最适温度为23～27℃；子实体发育温度在5～28℃。香菇是一种变温结实型的菌类，在子实体分化期如有10℃以上温差，会大大促进子实体的发生。

香菇依菌盖大小（以菌幕刚刚拉开为标准）可分为大叶型种（6厘米以上）、中叶型种（4～6厘米）、小叶型种（4厘米以下）。依出菇温度（日最高温度）可分为高温型种（26℃以上）、中温型种（10～26℃）、低温型种（10℃以下）。依培养时间长短可分为长菌龄种（120天以上）、中菌龄种（90～120天）、短菌龄种（90天以下）。

（三）设施栽培技术

1.菌棒生产

（1）厂区选址及布局。香菇菌棒工厂的选址，应地势平坦，排灌方便，交通便利。为降低污染风险，工厂周围要求无生活垃圾堆放或填埋场，无鸡舍、猪舍等畜禽养殖场，无工业固体废弃物和危险废弃物堆放或填埋场等。环境要求符合《环境空气质量标准》（GB 3095）中环境空气二类区质量要求以及《食用菌菌种生产技术规程》（NY/T 528）和《无公害农产品 种植业产地环境条件》（NY/T 5010）中对产地环境的规定。

根据香菇菌棒生产工艺，厂区宜规划有木屑堆场、原辅料仓库、搅拌区、装袋区、灭菌区、冷却区、接种区、培养区、冷库、锅炉房、空调机房等。

（2）设施设备。木屑堆场、原料仓库、搅拌区、装袋区和灭菌区多采用半封闭式厂房。根据生产规模配备堆场面积，一般1 000米²木屑堆场可堆放木屑500吨左右。木屑堆场需排水方便，避免积水导致底部木屑发酸发臭。还应配备污水处理池和污水处理装置，处理过的水达到环保要求方可排放，亦可再次利用，用来预湿木屑。原料仓库、搅拌区、装袋区和灭菌区地面应保持清洁，无杂物、无积水，生产过程中及时清理散落料；生产结束应及时清理搅拌锅、传送系统和装袋机内的剩料，避免培养料在机器上结块发霉，滋生杂菌。

冷却区、接种区和培养区采用全封闭式厂房，能够对温度、湿度、通气和光照等环境条件进行人工调控。冷却区和接种区等净化车间应符合《洁净厂房设计规范》（GB 50073）规定的要求。锅炉房与建筑物的距离不小于安全距离。

应具有磅秤、搅拌机、自动/半自动装袋机、环保蒸汽锅炉、高压蒸汽灭菌器、接种机、环境控制系统、铲车、叉车等设备；压力容器应经政府有关部门检验合格，符合《压力容器　第1部分：通用要求》（GB/T 150.1）要求；还应具有备用电源。

（3）品种选择。香菇品种应从具有品种选育及相应资质的供种单位引种，且种性清楚。引种后应进行适应性出菇试验，选用适合当地气候特点和生产模式，高产、优质、抗逆性强的香菇品种。根据养菌周期，目前主栽的有中短菌龄和中长菌龄品种。中短菌龄品种养菌周期一般为 90～100 天，菌丝能耐受较高浓度的二氧化碳（0.4%～0.6%），菌棒易起瘤状物；小温差刺激即可出菇，菌棒转潮快，产量高，但子实体易暴出，菇蕾数量多，后期大多需要疏蕾，因此养菌期需提前刺孔且刺孔数量多，代表品种有沪香F2、沪香F3、辽抚4号（0912）等。中长菌龄品种养菌周期一般为 110～130 天，菌丝不耐受高浓度的二氧化碳（0.1%～0.3%），养菌时需加强通风，菌棒不易起瘤状物；出菇时需要较大的温差刺激，产量相对较低，但菇体大、菇盖厚、菇质好，售价高，代表品种有申香215、L808等。

2.栽培基质　栽培基质是香菇赖以生存和繁殖的基础，栽培基质的种类、质量和配比对香菇生长发育具有重要作用，栽培基质的颗粒度、透气性、含水量等理化特性，也是影响香菇生长的重要因素，对香菇产量和质量均有较大的影响。

（1）主料。主料是培养基质中质量占比大、以满足香菇生长发育所需碳源为主要目的的原料。香菇是木腐性食用菌，木屑是香菇栽培中最主要的碳源之一，栽培基质中木屑含量占比在75%以上。木屑应无霉烂、无结块、无异味、无木条和石块等杂质、无油污等化学污染；入场时木屑含水量不高于40%。木屑的颗粒度直接影响栽培基质的通气性和持水性；木屑颗粒太小，栽培基质孔隙度小，通气性差，影响菌丝生长，从而影响菇蕾的分化和子实体发育；木屑颗粒太大，栽培基质孔隙度大，通气性好，持水性变差，前期菌丝生长速度快，但水分容易丧失，影响菌丝和子实体生长发育，从而影响香菇的产量和质量。此外，木屑颗粒过大，菌丝降解吸收时间长，会延长发菌和出菇周期，同时，粗木屑也容易刺破菌袋，造成污染。木屑颗粒直径以0.5～1.5厘米为宜（图4-1）。

图4-1　木屑颗粒

（2）辅料。辅料主要有麸皮、米糠、玉米粉、石膏、石灰和碳酸钙等。麸皮、米糠、玉米粉要求新鲜、洁净、干燥、无虫蛀、无结块、无霉变、无异味、无杂质，水分含量不超过14%。生产上多使用大片麸皮，因其透气性好；米糠脂肪含量高，容易酸败，储存时间不宜过长；玉米粉一般购买玉米粒自行粉碎，粉碎后尽快使用，避免积压变质。石膏宜使用熟石膏；石灰则宜使用生石灰。碳酸钙宜使用轻质碳酸钙。

（3）原辅料储存。经检验合格的木屑堆放于有防雨设施的木屑堆场；新鲜木屑可及时使用，如不能及时使用，新鲜木屑需加水预湿，堆制发酵10天以上。可直接浇水预湿，木屑摊平至30～40厘米厚度，浇水至水从底部流出，然后建堆；亦可将木屑放入搅拌锅加水预湿，加水至木屑含水量50%～60%，搅拌15分钟左右，然后建堆。搅拌锅预湿节省水资源，且更均匀一致。堆制有利于软化木屑，增加木屑持水性，降低装袋时微孔形成的概率。堆制过程中每隔5～10天需补水翻堆，促进好气发酵，防止厌气发酵导致木屑酸败，影响香菇菌丝生长。翻堆亦有利于提高木屑理化性质的一致性。

其他原辅料麸皮、米糠、石膏等应储存在干燥、阴凉、通风、清洁的仓库中。材料与地面用垫仓板隔离，预防堆积发热。注意防虫、防鼠、防潮，不应和有害、有毒货物一起储存，严防污染。

3.料棒制作

(1) 栽培配方。配方①：栎木屑78%、麸皮20%、石膏2%，含水量50%～58%，灭菌前pH 6～7。配方②：栎木屑39%、苹果木屑39%、麸皮20%、石膏2%，含水量50%～58%，灭菌前pH 6～7。在栽培配方的选取上需考虑原材料来源、出菇模式和市场需求等影响因素。国内出菇模式一般出4～6潮菇，配方①生产的菌棒出菇后劲足，产量高，适合自建基地出菇和针对国内市场需求的菌棒供应模式；配方②生产的菌棒产量主要集中在前两潮，适合工厂化和周年化出菇，主要针对国外市场菌棒需求，一般出两潮菇。

(2) 栽培基质制备。按计划生产数量和配方中各原料的比例准确称取重量，按照先主料、后辅料的原则顺序投料。利用搅拌机进行两次搅拌，分别为干拌（一次搅拌）和湿拌（二次搅拌）。一次搅拌时投料后先不加水，此时原料黏度低，分散性好，容易搅拌均匀，搅拌时间一般为10～15分钟；二次搅拌是在一次搅拌结束后，向培养料中加水直至所要求含水量，边加水边搅拌，搅拌时间30～60分钟。根据木屑种类和颗粒大小，基质含水量一般为50%～58%，以灭菌后料棒不积水为宜。栽培基质以灭菌前pH 6～7，灭菌后pH 5.3～5.8为佳。

视频1
香菇拌料

(3) 装袋。菌袋折径主要有15厘米、16厘米、17厘米、18

厘米和20厘米等规格,菌袋长度一般为55～60厘米。采用半自动装袋机或全自动装袋机装袋。装袋要求料棒紧实,以折径17厘米的菌袋为例,菌棒长度为(40±1)厘米,装湿料重量为(2 800±100)克。填料结束后机械扎口,要求袋口扎紧不漏气。扎口后在接种孔附近扎1～2个排气孔(图4-2),贴上透气胶带。菌棒码放之前需通过眼观、手摸等方式检查菌棒是否有微孔,发现微孔后需用透明胶带或透气胶带粘贴。料棒码放至灭菌小车时,上下层菌棒呈"品"字形摆放,最底层料棒的排气孔需斜45°朝下,上层料棒的排气孔正面朝下,排气孔均朝向空隙处,避免排气孔被堵住,否则高压灭菌时容易胀袋破损,或冷凝水进入料棒,形成"水袋"。菌棒摆放超过5层,每隔两层须取出2～3个菌棒,有利于灭菌蒸汽的流动和热量传导。

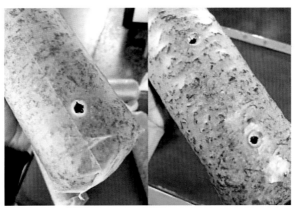

图4-2　排气孔

4.料棒灭菌及冷却

(1)灭菌。装好的料棒要及时灭菌以避免培养基质因细菌大量滋生而酸化,从加水搅拌至装袋结束开始灭菌,4小时之内完成为宜。目前一般采用高压蒸汽灭菌,灭菌时,料棒升温比灭菌锅内空气升温滞后60～90分钟,因此,100～105℃保温时间应

视频2
香菇装袋
与灭菌

大于60分钟，待料温与灭菌锅温度趋于一致时，再升至灭菌温度。灭菌温度112～119℃，保持330分钟以上。灭菌时需检查排气阀工作是否正常，若锅内冷空气排气不畅，易灭菌不彻底。

（2）冷却。灭菌和排气结束后，及时打开高压灭菌锅的炉门，灭菌锅内温度降至80℃左右时，及时出锅。出锅不及时，料棒在灭菌锅内长时间保持高温，栽培基质易过度灭菌，营养损失严重，基质pH下降，不利于菌丝生长。料棒出锅后转移至冷却间，进行一次冷却和二次冷却。一冷又称风冷，采用通入高效过滤的新鲜空气的方式将料棒冷却至50℃左右。二冷又称强制冷却，采用制冷风机进行快速降温，料棒温度冷却至26℃以下可以接种。冷却间净化等级为万级。

5.接种　接种室要求净化等级为万级，接种区域为百级。员工应穿戴专用连体无尘服、高筒无尘鞋、一次性口罩及医用手套，风淋后方可进入洁净区。每天接种工作结束，接种机的相关部件要拆卸清洗干净，接种室打扫干净后，使用新洁尔灭、次氯酸钠、二氯异氰尿酸钠或三氯异氰尿酸等消毒液对地面进行消毒，清理的垃圾及时带出净化车间。下班后每天按时进行臭氧消毒，消毒时长60～120分钟。

视频3
香菇接种

可使用固体菌种或液体菌种进行接种。固体菌种应符合《香菇菌种》（GB 19170）的质量要求，菌种袋表面完整，无破损，封口处干燥洁净，棉塞或塑料盖上无污染，松紧适度；培养基边缘未与容器分离，培养基颜色正常；菌丝长满容器，洁白浓密，形态均匀，无杂菌菌落，无颉颃线，无高温抑制线，无原基，允许有少量褐色水珠；无菌条件下检查无酸臭或霉变异味。接种前一天使用新洁尔灭、次氯酸钠、二氯异氰尿酸钠、三氯异氰尿酸或高锰酸钾等消毒液进行表面消毒，擦干后将菌种放入菌种预处理间备用。液体菌种，菌液应澄清透明，无浑浊；大量菌球、菌丝片段均匀悬浮于液体中，菌球形态为球状、丝状或叉状，静置不迅速分层；有香菇液体菌种特有的香气，无酸、臭等异味；菌球湿重0.1～0.2克/毫升，菌球体积比≥80%，菌液pH 3.0～4.0。

采用接种机接种，接种前对接种机、传送带、操作人员双手、固体菌种外袋或液体菌种接种管道进行全面消毒。固体菌种一般接3～4孔，接种深度3.5～5.0厘米，每孔接种15～20克；液体菌种一般接5～6孔，接种深度5～9厘米，每孔接种5～10毫升。接种后使用透明胶带或外套袋封住接种孔，然后移至培养库房进行养菌。

6.菌棒培养及管理　菌棒培养室应干净、干燥、通风、避光。使用前48小时，地面清洗干净，晾干后喷洒新洁尔灭或次氯酸钠等消毒液对地面进行消毒，使用前24小时用臭氧或烟雾消毒剂烟熏消毒。菌棒入库前通风，无异味后入库培养（图4-3）。菌棒培养室环境温度一般控制在21～24℃，菌棒料内中心温度不超过26℃，二氧化碳浓度控制在0.35%以内，空气相对湿度自然。培养流程如下。

图4-3　菌棒培养

（1）菌棒前期培养。菌棒接种后15天内，菌丝慢慢恢复，逐渐吃料蔓延，菌丝生物量和发热量均较小，将菌棒"品"字形码放于培养架上进行发菌；以折径17厘米的菌棒为例，摆放密度约

200棒/米²。此阶段，避光培养，室温控制在22 ~ 24 ℃，促使菌丝萌发。

（2）菌棒中期培养。菌棒培养13 ~ 15天后，接种孔菌圈直径6 ~ 8厘米时，菌丝进入快速生长阶段，菌棒发热量增加，需撕掉透明胶带或脱去外套袋，将菌棒转至层架上"井"字形码放或网格架上进行培养，以折径17厘米的菌棒为例，摆放密度约140棒/米²；菌圈直径10 ~ 15厘米，接种孔背面能看到菌丝时，进行一次刺孔（小刺）（图4-4），每个接种口刺孔5 ~ 10个，孔深1.0 ~ 2.0厘米，可采用手工和机器刺孔；菌棒满袋后5 ~ 10天，根据品种特性和瘤状物情况，进行二次刺孔（大刺）（图4-5），二次刺孔一般为机械刺孔，每棒刺孔6 ~ 12排，每排6 ~ 8个，孔深3.0 ~ 5.0厘米，刺孔应排列整齐，间距均匀。此阶段，避光培养，因菌棒发热量大，尤其刺孔后1 ~ 2天，棒温比室温高2 ~ 4℃，需严格控制培养室温度，室温一般控制在21 ~ 22℃。

视频4
香菇菌棒培养

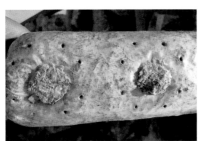

图4-4　一次刺孔（小刺）

图4-5　二次刺孔（大刺）

（3）菌棒后期培养。从刺孔完成至菌棒成熟阶段。二次刺孔增氧后，需提供光照促进菌棒转色，光照度为50 ~ 200勒克斯，光质一般可选白光、蓝光或绿光，每天光照时间不少于12小时。菌棒转色期间棒温一般比室温高2 ~ 3℃，室温以控制在21 ~ 22℃为宜；转色结束后菌棒呼吸减弱，发热量减少，棒温一

般比室温高0.5 ～ 1.0℃，室温应控制在23 ～ 24℃为宜。

　　根据品种特性，不同菌株应达到其品种要求的菌龄方可脱袋出菇。香菇菌棒成熟度判定指标主要有手感、pH、外观和气味等。手感方面主要表现为菌棒富有弹性，质地由软变硬，菌袋与

菌棒呈分离状，此时pH一般降至3.5 ～ 4.0；外观方面主要表现为菌棒转色均匀，菌皮呈红棕、深褐色，菌棒散发出香菇菌丝特有的香味，无腐烂味，无异味（图4-6）。也可以提前5 ～ 10天取10 ～ 30个菌棒进行出菇试验，观察菌棒出蕾情况，帮助判断菌棒是否成熟。

图4-6　成熟菌棒

7.出菇管理及采收

（1）立棒斜靠模式。

　　①出菇棚选址及规格。出菇棚宜选择在背风向阳、光照充足、通风良好、地势平坦、环境卫生、近水源、易排水、进出菌棒便利之地。要清除地面杂草、杂物、平整地面，场地撒生石灰进行消毒。大棚的规格有多种：有长25 ～ 30米、中高1.7米、宽5米、内设3个畦床菇架的菇棚；有长25 ～ 30米、中高2.5米、宽6米、内设4个畦床菇架的菇棚。具体菇棚规格可视菌棒数量和田块大小而调整。

　　②菇棚及菇架搭建。首先在棚四周开好排水沟，宽30厘米、深25厘米，以避免棚内积水。然后，埋柱建棚，在棚顶盖上8米或10米宽的普通薄膜，最后盖上遮阳网、茅草等遮阳材料，使场内能透进少量阳光，创造一个适宜香菇生长发育的环境条件。最后是搭建菇架，在畦床上每隔2.5 ～ 3.0米设一高30厘米左右的横档，横档上每隔20厘米钉1枚铁钉，钉尾部留在横档外面，然后用铁丝纵向拉线，经过横档时在铁钉尾上绕1圈，两端的铁丝绕在木桩上，敲打入地以拉紧铁丝，逐条拉好即完成。畦间预留人

行通道。

③菌棒排场。脱袋后的菌棒应斜靠在畦面的横架上（图4-7），与畦面形成60°～70°夹角，每排可放置8～10棒，棒距3～4厘米，做到边脱袋，边排筒，边盖膜。脱袋后，如遇上连续高温，应立即将四周挡风草帘先取下，便于棚内通风。加厚顶棚"八阴二阳"，以防阳光直射。

图4-7　立棒斜靠模式

④出菇管理。第一潮菇需人为拉大菇棚内昼夜温差，诱发原基的形成。菇蕾产生后喷水次数和喷水量视气温而定，气温高时早晚喷空间水。从小菇蕾发生到采收一般需要4天左右，气温低则需要7～8天。当第一潮菇采收结束后，要掀开薄膜3～4小时，并停止喷水5～6天，降低菇棚内湿度，使菌棒上菌丝恢复生长，积累养分。经过1周左右，当采摘的菇迹开始发白时，将竹片弯拱放低，加大湿度，白天盖紧薄膜，半夜掀开，人为造成温、湿差，诱导第二潮菇蕾的发生。一般头两潮菇以喷水保湿为主，之后则需浸水和喷水相结合。

⑤采收。香菇子实体长成之后，及时采收，特别是秋末冬初季节，稍迟半天采摘，就会影响产品质量。一般当菇盖展开六七

分，菇盖边缘仍有内卷，菌褶下的内菌膜刚破裂不久就要采收。但因香菇用途和客商要求不同，采收标准也不同。采收最好在每天早上采摘，采前数小时不能喷水，以减少菇内含水量。采摘时用拇指和食指捏住菇柄的基部，左右捻动即可脱落。

（2）菌棒层架出菇模式。

①出菇棚。高2.4米左右，用竹、木搭成，支柱设在走道旁，菇棚南北窄、东西长，便于空气流通。上面加盖遮阳物如茅草、稻草、杉树枝或遮阳网等，以防烈日暴晒。

②多层栽培架。用于摆放菌棒，可用木材、毛竹搭建，也可用水泥制成，一般5～6层，层距0.3～0.4米，底层高0.15～0.20米，架宽0.40～0.45米，中间两排并拢，两边各设一排，左右两面操作道宽度0.6～0.7米。另外，在菇棚不同部位挂几支干湿温度计，以便随时观察调控温度、湿度。菇棚四周应保持有2米的开阔地，以利于通风。

③菌棒排场。通常情况下菌棒排场上架时间有三种：一是在越夏前排场上架，接种后发菌到一定程度后就把菌棒挑到菇棚架上去发菌和越夏，或直接在棚内接种发菌到一定程度后直接在菇棚架上继续培养发菌和越夏；二是菌棒越夏后，在平均气温尚在23～25℃的时候排场上架；三是在15～20℃时选择适合的天气，见有零星菇蕾发生后，再把菌棒排场上架。

④出菇管理。层架栽培易形成高品质花菇，花菇主要是因为香菇生长过程中受到一定的环境条件如温度、湿度的刺激而在菌盖表面出现裂纹的香菇。可选易形成花菇的香菇品种进行生产，利用温差刺激进行催蕾。菇蕾出现后，长到1.0～1.5厘米，用小刀沿菇蕾外围割破3/4的薄膜，使其裸露。一般每袋留菇蕾5～10朵，不宜超过15朵。目前层架栽培使用保水膜的也较多，不需要割袋，节约大量劳动力。刚割袋的菇蕾和直径小于3厘米的幼菇处于十分娇嫩阶段，必须进行保温保湿育蕾。因此，经过割口的菌棒，要放下薄膜，待菇蕾长至直径2～3厘米再进行催菇管理（图4-8）。育蕾期的温度为8～20℃，湿度为80％～90％。适宜花菇

形成的湿度为50%～68%、最佳为50%～55%，温度为8～22℃、最佳为12～16℃。一天内棚内最高温度应在20℃左右，同时又有10℃以上的昼夜温差，最适宜花菇生长发育和裂化。

视频6
香菇菌棒注水

⑤补水管理。补水有浸泡和注水两种方式。时机掌握在采摘后的菇柄生长处已见到白色气生菌丝，此时表明菌棒已恢复。花菇菌棒一般采用注水方式补水。

⑥采收。香菇需选择适宜天气采摘。阴雨天气来临前，湿度过高时，应适当提前采摘，以免因高湿使香菇品质下降。采摘时注意不要把小段菇柄残留在菌棒上，以免菇柄腐烂引起霉菌感染。

图4-8　层架出菇模式的催菇管理

(3) 菌棒埋地覆土模式。

①出菇棚。菇棚高要求2.3～2.5米，棚顶树枝、茅草等遮阳物更厚实，一般为"九阴一阳"，四周用稻草、茅草等围严，以降低菇床温度。

②品种选择。埋地覆土栽培多用于夏季出菇，品种为菇形好、

菇肉厚的中高温品种,菌龄60~90天。

③覆土材料。选择沙壤土、焦泥灰、山土为覆土材料,含沙量以40%为宜,单独的细沙、黏土不宜采用,覆土量按每1 000棒400~500千克。覆土材料要先敲碎,过筛后加入1%的石灰并用0.3%~0.5%的甲醛溶液喷入土中,覆盖薄膜7天,进行杀菌(焦泥灰除外),然后摊开备用。

④排场。将已转色的菌棒,接种口朝上,一袋紧靠一袋,分两行靠畦边缘排于畦面上,畦中间空余部分再与畦平行排几段,将畦床两边的菌棒横面用加了石灰的泥浆封好。再将经杀虫杀菌的泥土覆盖在菌棒上面,用扫帚轻扫的办法把泥土填满菌棒之间的空隙,再浇水沉实,以菌棒露出土面3指宽为宜。

⑤出菇管理。埋地覆土香菇大都用于反季节栽培,填补夏季鲜香菇的市场需求(图4-9)。脱袋后第一潮菇一般从5月开始出菇,持续到6月上旬。这个阶段的气温由低到高,但夜间气温较低,昼夜温差大,对子实体分化扭结有利。采取温差、湿差来刺激第一潮菇蕾的发生。尽量避免震动催菇。当第一潮香菇采收结束之后,排尽畦沟水,停止浇水,降低菇床的湿度,待菌丝恢复

图4-9　埋地覆土出菇模式

后，灌回畦沟水，并加强浇水刺激促进下一潮菇的形成。加大通风降温，防止高温烧菌。

⑥采收。脱袋覆土栽培的香菇基本上进行保鲜销售，应根据客户或市场需求按标准进行采摘。一般要求香菇五分成熟，菌膜没有破裂时就应采摘，并尽量保存菌盖上的鳞片，菌盖不要有擦伤的痕迹。装盛时，要防止木屑或其他杂物掉落在菌褶部位，须保持鲜菇外观的清洁。

8.病虫害防控技术 《香菇生产技术规范》（GB/Z 26587）指出，香菇的病虫害遵循"预防为主，综合防治"方针，优先采用农业防治、物理防治和生物防治，辅之以化学防治。

香菇生产中常见的杂菌有木霉、曲霉、镰孢霉、细菌等，主要虫害有眼蕈蚊、螨虫、蜗牛、线虫、跳虫、蛞蝓等。农业防治措施：采用抗性强的品种，严格按照菌种和菌棒生产规范操作，保证菌种质量；根据当地气候条件以及品种特性合理安排生产季节。物理防治措施：在菇房门窗和通气口安装纱网，阻止害虫入内；在培菌场所和出菇场所悬挂粘虫板（纸），粘杀菇蚊和菇蝇的成虫，减少着卵量。采用化学（药物）防治时，应选用登记使用范围包括食用菌的农药，药剂按国家标准的要求喷洒无菇菌棒和生产环境，不得在子实体上使用药物。

二、黑木耳

（一）概述

黑木耳（*Auricularia heimuer*），又名细木耳、光木耳、木菌，隶属担子菌门、层菌纲、木耳目、木耳科、木耳属。黑木耳营养丰富，每100克黑木耳（风干）含粗蛋白质9～11克，粗脂肪0.2～1.2克，粗纤维4.2～7.0克，糖类65.5～69.5克，粗灰分4.2～5.8克，钙210.0～357.0毫克，磷210.0～255.8毫克，铁101.0～185.0毫克；还含有多种无机盐、维生素和氨基酸，并且氨基酸总含量达5.64～10.38克。黑木耳中的矿质元素含量较高，

其中钙、铁等含量高于猪肉。据报道，黑木耳中的生物活性物质具有降血糖、降血脂及抗氧化的作用，黑木耳中的水溶性多糖物质具有调节机体免疫力的作用。此外，其中的膳食纤维可加快人体对营养物质的消化。

（二）生物学特性

1.形态特征　菌丝体和子实体是黑木耳的两个不同生长阶段，其形态描述如下。

菌丝体颜色为白色至淡黄色，生长过程紧贴培养基，菌丝呈细羊毛状，毛短而多（图4-10）。菌丝不爬壁，生长速度慢，在适宜条件下约15天长满料面，后逐渐老化，老化过程培养基先出现污黄色斑块，同时伴随黑色素的生成，使菌质变茶褐色。斜面菌种培养时间长会在边缘产生胶状物。显微镜下观察其菌丝体形态，菌丝纤细且呈根状分枝。

图4-10　黑木耳平板菌落形态

子实体初期为圆锥形，黑灰色、半透明、胶质状、富弹性，后期呈耳形（图4-11）。晒干后耳片变硬且呈角质状。背部呈凸起状并有绒毛，腹部下凹、光滑，或有褶皱。鲜耳呈黑褐色或黑色，干后变成黑灰色或灰色。子实层在腹面，可生成大量孢子。担子椭圆状，无色透明，担孢子较多时呈白色，附于子实体腹部。

图4-11 黑木耳子实体形态

2.分布及生态习性 黑木耳在温带或亚热带散布较广。我国多数地域气候温和，多雨潮湿，也很适合黑木耳生长。其分布地域主要为黑龙江、湖北、四川、湖南、云南、陕西、甘肃、河北、吉林、江苏、福建、台湾、广东和海南等省。

3.生活史 黑木耳生活史见图4-12。

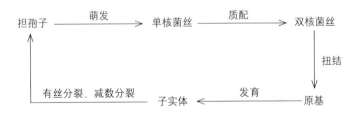

图4-12 黑木耳生活史

4.生长发育条件

（1）营养。黑木耳作为腐生真菌，它的生长发育进程依赖于从基质中获取养分（碳源、氮源、无机盐和维生素）。黑木耳的菌丝体能分泌各种酶类物质，它们可以降解木材或作物秸秆中的物质（半纤维素、木质素和纤维素）而获得营养。早期的段木栽培方式依赖于从木材表皮组织获取氮源。代料栽培后，利用木屑、

农副产品下脚料（如稻草、玉米秸秆）及少量麸皮、无机盐等即可满足菌丝体对营养的需求。

（2）温度。黑木耳为中温型真菌，在菌丝阶段，其温度范围很广，但一般在 20 ～ 25℃生长最适宜，当温度小于15℃或者大于37℃时其生长发育均会变慢。黑木耳的菌丝较耐严寒环境，在较低温度下，其菌丝仍保持活力。在子实体阶段，温度过高或过低均能生长，但长速较慢，25℃左右最适生长。在湿度合适的条件下：若环境温度较低，子实体成熟变慢，但其耳片品质较好；而环境温度较高，子实体生长虽变快，但品质变差。若环境温度过高且湿度过大，易出现流耳现象。

（3）pH。黑木耳在弱酸性环境下长势更好，一般来说，黑木耳菌丝在pH 4 ～ 8均可生长，pH 为6时最适生长。作为木腐真菌，它主要依靠分解木材中的物质获得营养，同时这个过程会伴随着各种有机酸的产生，使木料中的 pH 降低，培养基呈现微酸环境，这种环境可促进黑木耳菌丝的生长及子实体分化。

（4）光照。在菌丝阶段，黑木耳发育过程不依赖光照，但一定的散射光有利于其菌丝的生长。若光线过强，会导致黑木耳过早地形成原基，从而影响菌丝的正常生长，造成减产。黑木耳子实体形成过程需要大量散射光和一定量的直射光。在黑暗环境下，耳片不发育；光照不充分时，耳片颜色较淡，一般为淡褐色或白色，耳片较薄，产量低。

（5）含水量与空气相对湿度。黑木耳属喜湿性菌类，对水分需求较多。在发育的不同阶段或不同栽培方式对水分需求的差异都很大。在接种阶段，段木栽培的含水量为40%左右；代料栽培的含水量为60%左右。在养菌阶段，要求空气相对湿度65%上下；在耳片发育阶段，对水分的要求较高，空气相对湿度在95%左右，湿度过低会影响耳片的形成及成熟。

（6）空气。黑木耳为好氧性真菌，黑木耳在栽培过程中对氧气的需求较大，故黑木耳栽培场地一般需要能保证空气流通，以保证其菌丝和子实体生长阶段对氧气的需求。一旦栽培过程中通风不好，则黑木耳菌丝生长变慢，耳片不易展开，往往形成"鸡爪耳"或造成耳片霉烂而失去商品价值。

（三）吊袋黑木耳设施栽培技术

1.吊袋黑木耳栽培优势　黑木耳棚室立体吊袋栽培不同于早先的露地摆袋栽培，采取成串悬挂方式，单位面积投放料袋数量能达到露地投放量的5倍。同时，棚室生产黑木耳受棚膜等设施保护，生长过程受自然气候影响较小，温湿度基本可调控，产品品质很少受外界影响且无污染，同时可按照市场要求调控上市时间，提高经济效益。

2.场地选择及棚架结构　种植场地选用地面较平整的土地，并保持通气良好、向阳、水源丰富清洁、周边无污染源、不积水。大棚建设时多使用钢筋结构。普通大棚跨度为8～12米，长短根据种植区域和栽培数量而定，一般大棚方向要求为南北走向，使菌袋接收的光照较好，且大棚要在两头打开门，宽度在2米以上，有利于通风调整大棚内的温湿度（图4-13）。钢架结构大棚一般最高3米，为保温、保湿、遮阳和避免雨水过量，要在棚上覆膜及遮阳网。吊绳直接拴在棚架上，稳固性差，但成本低，棚内单独设置吊架势必增加成本，综合考量，多采用加固棚架，吊绳直接拴在棚架上，每万袋需投资1.0万～1.5万元。

3.栽培工艺流程　培养料配制—拌料—装袋—灭菌—冷却—接种—菌丝培养—开袋口—催原基—出耳管理—采收。

图4-13　黑木耳生产大棚

4.菌种生产 黑木耳菌种包括母种、原种、栽培种等。

（1）母种制备。母种是指经规范方法选育后而获得的，具有结实性的菌丝体纯培养物及其继代培养物，通常称为一级种或者试管种。原始母种可从野生子实体上进行分离，通过一系列育种方法最终获得可稳定生产品种。菌种制作过程要求严谨，应从正规的机构或科研单位购买，进行母种扩繁。

①培养基配方。马铃薯200克、白糖20克、琼脂20克、水1 000毫升。为了强化营养，有条件的生产者可在上述培养基中添加蛋白胨3.0克、磷酸二氢钾3.0克、硫酸镁1.5克。

②制作方法。按食用菌母种常规制作方法，将准备好的培养基按配方依次倒入锅内（琼脂粉最后加入），边加热边搅拌，琼脂粉完全融化后进行试管分装。用手提式高压蒸汽灭菌锅或家用高压锅灭菌，在0.12兆帕下（锅内温度121℃）灭菌40分钟。待温度降至60℃时取出摆斜面，斜面长度最好占管长的2/3。耳木分离法是从黑木耳的段木中分离菌丝体获得菌种的方法。切取火柴头大小的木块，经过消毒，在无菌条件下接入试管斜面，经25～28℃的培养就能长出菌丝体。在菌种分离时，要在接种箱中或接种室超净工作台上进行无菌操作，防止杂菌污染。分离几天后在试管斜面上就会长出白色的绒毛状黑木耳菌丝。经过10天左右的培养，菌丝可长满斜面，这就是母种。分离成功的试管母种，还可以在试管斜面培养基上扩大繁殖1～3次，这个过程称为转管或扩管，也叫传代。一般1支母种可转30～40支母种，从而满足生产上的需要。

（2）原种制作。原种是指用母种移植、扩大培养而成的菌丝体纯培养物，又称为二级种。

①培养基配方。木屑培养基：锯木屑78%、麸皮（或米糠）20%、蔗糖1%、石膏粉1%，水适量，pH 6.5。棉籽壳培养基：棉籽壳98%、蔗糖0.8%、石膏粉1%、过磷酸钙0.2%，水适量，pH 6.5。

②配制方法。选用上述任一种培养基，按配料比例，将各种

原料称好，拌匀。将蔗糖放入容器内，加少量清水溶解，倒入原料中充分翻拌。再缓慢加水，边加边翻拌，直至用手紧握原料，指缝有水渗出而不滴下为止。最后用pH试纸调试酸碱度至6.5。

③装瓶与灭菌。菌种瓶宜选用500～750克无色透明广口瓶，以便观察菌丝生长发育情况和检查杂菌。将拌好的原料装入瓶内。边装边用上粗下细的捣木沿瓶壁周围将料压实。料装至瓶肩后，用捣木在中心处向下打一接种孔，深度可达瓶高的1/3～1/2。然后用清水洗净瓶口内外，塞上棉塞或用4层旧报纸将瓶口包好，再用绳索扎紧。将瓶子搬入高压灭菌锅内，121℃灭菌2小时。灭菌完毕，将瓶子取出冷却备用。

④接种和培养。经过灭菌的培养基，冷却至30℃以下，即可搬入无菌接种箱内接种。接种箱按每立方米空间用甲醛溶液20毫升、高锰酸钾9克进行混合熏蒸消毒30分钟。有条件的地方，再用紫外线灯照射15分钟后接种。接种前操作人员的双手和母种试管表面都要经70%酒精消毒，才能进入接种箱。整个接种过程都要严格进行无菌操作，瓶口和母种试管口要始终对准酒精灯火焰。用灼烧过的接种针（要稍微冷却，以免灼伤菌丝）挑取1块母种，接入原种培养基正中的接种孔内，迅速将瓶口包扎好。每支母种可接原种4～5瓶，整个接种过程要快速准确，以减少杂菌污染的机会。接种完毕，将瓶子移入25～28℃培养箱（室）内培养。培养过程中，要每天检查菌丝生长发育情况。如发现菌种瓶内有杂菌污染，应及时清除处理。黑木耳菌丝纯白色，先端菌丝整齐一致向下生长。如菌丝颜色不纯，或虽为白色但却杂乱无章地生长，均已被杂菌污染。经30多天培养，菌丝长透瓶内的培养料，就可用来转接栽培种。如暂时不用，可放在4℃左右冰箱内保存备用，原种在低温下保存3～4个月不会失效。

（3）液体菌种制作。制作流程：初级摇瓶种—二级摇瓶种—发酵罐深层发酵扩大培养。

①初级摇瓶种制作。

A.配方。马铃薯200克、葡萄糖20克、酵母膏2克、蛋白胨3克、

磷酸二氢钾2克、硫酸镁1克、维生素B₁10毫克、水1 000毫升。

B.制作。马铃薯去皮切成薄块，煮沸后保持20分钟，四层纱布过滤后取滤液，补足1 000毫升水，称取其他成分，与马铃薯液充分搅匀然后装入三角瓶。初级摇瓶采用500毫升三角瓶，装入培养液200毫升，放入玻璃球5粒（0.5厘米直径），用两层纱布包裹制作棉塞，塞紧棉塞后再用两层纱布外层加报纸做罩，扎紧，防止摇动时棉塞活动。

C.灭菌。把三角瓶放入高压锅，接通电源，当压力表显示为0.11兆帕，温度达到121℃后开始计时，保持45分钟。断电使其自然降至0.02兆帕时放气使压力归0，出锅降温至25℃即可接种。

D.接种。首先用紫外线灯、臭氧灭菌器进行接种环境灭菌。在严格无菌操作程序下，把斜面菌种切割成0.5厘米小块（不带培养基），移入三角瓶，使其浮在液面，一般接入5～6块，25℃恒温环境静置培养72小时。

E.初级摇瓶培养。静置培养72小时后，液面菌种长到1厘米大，无污染，即可将三角瓶放到小型摇床上，温度25℃，调至转速140转/分，培养96小时，当菌液颜色清亮、菌球密集，占整个培养液的80%以上，瓶口处有很浓的菌香味，即可作为二级摇瓶扩大培养的种子使用。

②二级摇瓶种制作。二级摇瓶培养液配方与一级相同，5 000毫升三角瓶装液2 000毫升，放入玻璃球8～10粒，灭菌压力、时间同一级，接种时在无菌条件下迅速将一级摇瓶种倒入二级摇瓶中，接种量10%，塞紧棉塞绑好棉塞罩，即可放到大型摇床培养，大摇床一般放入4～5瓶，保持环境温度25℃，转速140转/分，培养72～96小时。

③发酵罐深层发酵扩大培养。

A.液体罐培养基配方。玉米粉4%，麸皮2%，蔗糖3%，酵母粉0.5%，磷酸二氢钾0.25%，硫酸镁0.1%，维生素B₁0.01%，豆油0.05%。

B.制作。一般按发酵罐最高容量的70%确定需要制作的培养基量和菌种量。按比例称取各种原料，用两层纱布做袋，把玉米粉和麸皮分装两袋放入煮锅中加足水，开锅沸腾后保持30分钟，摆动纱布袋使营养充分溶于水中，然后控水取出，最后把剩余其他成分先溶于2升水中搅匀，再加入煮锅内，开锅搅拌均匀，即可入罐灭菌。

C.发酵罐的准备。对发酵罐进行清洗、气密性检查、控制柜和加热棒检查。如果是新罐、上一次污染的发酵罐、更换生产品种的发酵罐或长时间不使用的发酵罐，要进行发酵罐煮罐，正常生产不需要煮罐；上一次生产完毕，只需要将罐洗净就可以进入下一批生产。然后对发酵罐进行空消（内胆、过滤器、管线的消毒）。

D.投料。投料前检查发酵罐接种阀门和发酵罐进气阀门是否关闭，确认发酵罐内压力为0。将配好的培养基由罐口倒入或用泵打入发酵罐，加水定容，液面高度以高于视镜下边缘10厘米为宜。拧紧发酵罐口盖子，以防漏气。

E.发酵罐实消。投料结束后，启动电源，温度123℃，压力0.12兆帕时控制柜自动倒计时，屏幕上可显示发酵罐温度和倒计时时间，当倒计时为0时，控制柜自动报警，打开夹套排气阀门，发酵罐排气阀门，使得夹套和发酵罐压力缓慢下降（发酵罐压力不能掉0）。此时发酵罐灭菌结束。

F.发酵罐接种。待培养基温度降至25℃进行接种。将火圈用酒精浸泡后套入发酵罐罐口，点燃火圈，关闭发酵罐进气阀门，当发酵罐罐压降至0.01兆帕以下时，关闭发酵罐排气阀门，在火焰的保护下打开发酵罐罐口，发酵罐罐口盖子移至火焰上方，然后接种，接种量为10%。接种后在火焰的保护下迅速将发酵罐口盖子拧紧，迅速打开发酵罐进气阀门，关闭发酵罐进气尾阀门，使得发酵罐罐压迅速上升。收起火圈，去除屏风。

G.培养。接种结束后微开排气阀使罐压至0.02～0.04兆帕，并检查培养温度和空气流量，培养温度设定在25℃，通气量6升/分，通气压力为0.06兆帕，即可进入培养阶段（图4-14）。

图4-14　黑木耳液体菌种生产

（4）栽培种制作。栽培种是由原种扩大培养而成的菌丝纯体培养物，栽培种又称三级种，也可用作栽培棒，黑木耳使用栽培种作栽培棒进行出耳生产。

①栽培配方。

配方1：硬杂木屑64.0%～64.5%、玉米芯粉20%、麦麸12%、豆饼粉2%、石膏粉1%、生石灰0.5%～1%（pH调至8～9为准）。

配方2：锯木屑（硬杂木屑）86.5%、麦麸10%、豆饼粉2%、生石灰0.5%、石膏粉1%。

配方3：玉米芯粉48.5%、锯木屑38%、麦麸10%、豆饼粉2%、生石灰0.5%、石膏粉1%。

配方4：豆秸72%、玉米芯粉或锯木屑17%、麦麸10%、生石灰0.5%、石膏粉0.5%；

配方5：稻草粉84.5%、麦麸12%、豆饼粉2%、生石灰0.5%、石膏粉1%。

②拌料装袋。菌袋拌料必须将主料、辅料以及水分均匀混拌。尤其对于小孔挂袋栽培，其对装袋要求更高，不仅要将培养料装实，还要注意上下松紧度保持一致，拌料整体要平整，没有散料出现，全部和袋料贴紧，并且塑料袋尽量没有褶皱。为保证装袋质量，需要结合实际情况恰当选择装袋机。可选防爆袋装袋机，保证袋装标准；也可选用薄菌袋，避免出现袋料分离问题。栽培

过程中，还要注意菌棒制菌的装袋环节，在已装有培养料的菌袋中央打孔，然后将料面上方的菌袋窝入这个孔内，最后在中间孔内插入菌棒。

③灭菌、接菌。通常选择常压灭菌方式，灭菌时间一般要超过10小时，再进行闷锅处理，一般闷3小时。在出锅之后，要在温度没有显著下降时把菌筐转移至培养室或者接菌室当中。一般菌袋在刚出锅时保持发软状态，若此时直接将菌袋从筐内拣出，容易导致菌袋变形或者受损，并容易造成袋料分离情况，所以，应在菌袋温度稍降之后再拣出。接菌时要注意在无菌环境中操作，具体是先拔出菌棒，将其接入培养基中，而后通过固体菌种将袋口完全封闭。若为液体菌种，需通过无菌棉塞将袋口完全封闭。要保证接菌成功，应满足以下条件：无菌区空间较大且各项条件稳定；接菌操作标准、规范；菌种不含杂菌及螨，具有较强的萌发力；接菌温度适宜；接菌室经过彻底消杀处理；完成接菌操作后，相应环境能在5～8天保持约30℃的高温，且温度稳定性好。

④培养室处理、菌袋培养。对于培养室，可用石灰粉将室内墙壁刷一遍，而后以干木板、木杆等为材料搭设发菌架，之后全面清理室内杂物。在培养室室内温度上升并超过25℃时，及时通过喷水增加环境湿度，之后用过氧乙酸溶液或者二氧化氯再次喷菌架以及墙壁。为防治虫害，此时可适当喷施一些杀虫剂、杀螨剂等。

⑤挂袋。一般在菌袋刺口之后，孔眼完全被菌丝封闭时可挂袋。常用的挂袋方式有两种，即单钩双线和三线脚扣。若选择单钩双线方式，可在吊梁上拴细尼龙绳（2根），另外一端系成死扣，在挂袋的时候，先在两股绳中间放一个菌袋，而后将用细铁丝制作的如手指锁喉状的钩（长度4～5厘米）放在袋上方，通过钩子将绳子向内收紧，使菌袋固定于绳套之中，而后在菌袋上方再次放上钩子，如此反复，每串大约可挂8袋菌袋。若选择三线脚扣方式，需要在吊梁上拴三股尼龙绳，另外一端同样系死扣，在挂袋

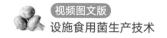

之前，放置等边三角形塑料脚扣（3个），由此使尼龙绳束紧以固定菌袋。在挂袋的时候，先在三股绳中部放一个菌袋，而后把一个脚扣放在菌袋上面，再重复放菌袋和脚扣，此方法每串也可挂8袋菌袋。值得注意的是，相邻的两串应保持20～25厘米的间距。在挂袋的时候，注意最底部的菌袋和地面之间应有超过40厘米的间距，并控制好挂袋密度，一般约70袋/米^2（图4-15）。

图4-15　黑木耳挂袋培养

5.出耳和采收

（1）催芽期管理。在挂袋之后至原基形成的这一阶段，主要注意早晚增温，重点保湿，辅助通风。挂袋之后如果不能及时进行浇水和催芽，会导致菌丝老化，对出耳以及最终产量造成影响。催芽期还要对地面浇透水，同时在日常管理中喷雾状水，使棚室内整体空气相对湿度超过75%，促使耳芽出得快，且相对整齐。挂袋前期主要喷雾状水，能够防止因菌袋进水而生出青苔。在此管理阶段，一般早、晚分别通1次风，每次通风时间控制在0.5～1.0小时，约10天就可形成黑木耳原基。

（2）耳片分化期管理。从原基形成至耳片形成，管理措施是增湿、控温，并要常通风，空气相对湿度一般在约85%，避免因干湿交替出现连片生长情况，或者产生憋芽。

（3）耳片展片期管理。从耳片形成至采收，主要采取开放管理模式，并应合理控制生长，注意干湿交替并适时采收。此阶段棚内温度会逐渐升高，管理中可将棚膜卷起来，直到棚肩至棚顶。夜晚需要适时浇水，避免耳片过快生长，促使其边圆且黑厚。一般春季浇水时间可选择下午到翌日7：00；进入夏季之后，浇水时间可选择17：00到翌日3：00。浇水时，先使耳片完全湿透，之后每小时浇水约15分钟，棚内空气相对湿度控制在约90%。此外，展片期需要全天通风，天暖后把棚膜上卷到棚顶部位，可在浇水时将遮阳网放下，其他时间遮阳网也要卷到棚肩或者棚顶部位。通常耳片生长到约3厘米时需及时采收，在采摘期间，可在地面铺上地膜或者晒网，手工采摘大木耳，之后在网架当中晾晒（图4-16）。

视频7
黑木耳浇水

图4-16　黑木耳采收与晾晒

三、双孢蘑菇

（一）概述

双孢蘑菇（*Agaricus bisporus*），在分类上隶属担子菌门，伞菌纲，伞菌目，蘑菇科，蘑菇属。别名双孢菇、圆蘑菇、洋蘑菇、蘑菇、白蘑菇（图4-17）。欧美生产经营者常称之为栽培蘑菇（cultivated mushroom）或纽扣蘑菇（button mushroom）。

图4-17 双孢蘑菇子实体

双孢蘑菇栽培起源于法国，至今约有400年历史。也是目前世界上人工栽培最广泛、产量最高、消费量最大的食用菌品种。20世纪50年代，上海农业试验站的陈梅朋先生将双孢蘑菇制种及利用猪、牛粪栽培双孢蘑菇的技术进行推广，促进了中国双孢蘑菇栽培的起步发展；1978年，张树庭教授将国外二次发酵技术引进推广，创造了中国20世纪80年代中后期的双孢蘑菇鼎盛发展时期；1992年后，福建省蘑菇菌种研究推广站的As2796高产优质菌株的推广应用与双孢蘑菇规范化、集约化栽培模式的推广应用，促使中国的双孢蘑菇栽培又进入了一个快速发展的阶段。中国双孢蘑菇生产现在已发展为工厂化栽培、标准化设施栽培、简易棚式栽培并存的局面。

视频8
双孢蘑菇设施
化栽培

（二）生物学特性

1.形态特征 双孢蘑菇菌丝体（图4-18）是营养器官，由担孢子萌发生长而成，细胞多异核，细胞间有横隔、通过隔膜孔相连，经尖端生长、不断分枝而形成蛛网状菌丝体，主要作用是吸收、运送水分和营养物质，支撑子实体。绒毛菌丝是初期生长的菌丝，生长到一定条件下就会相互结合形成线状菌丝，线状菌丝又分化形成束状菌丝，束状菌丝体再分化成子实体组织和根状菌束。

双孢蘑菇子实体是繁殖器官，也是人们食用的部分，包括菌盖、菌褶、孢子、菌柄、菌膜、菌环等。子实体大小中等，初期呈半圆形、扁圆形，后期渐平展，成熟时菌盖直径4～12厘米。菌盖下面呈放射状排列的片状结构称为菌褶，初期为米色或粉红

图4-18　培养料层中的双孢蘑菇菌丝体

色，后变至褐色或深褐色，密、窄，离生不等长。菌柄是菌盖中央的支撑部分，起着给菌盖输送养分的作用。菌膜为菌盖和菌柄相连接的一层膜，随着子实体成熟逐渐拉开，直至破裂。有的品种有菌环、单层、膜质，生于菌柄中部，易脱落。

　　双孢蘑菇栽培菌株的祖先是野生双孢蘑菇，大多为棕色，后来发现了浅棕色和奶油色变种。1927年在栽培菇床首次发现了一丛纯白色、菌盖光滑的双孢蘑菇，后来陆续偶然发生的白色双孢蘑菇成为现代双孢白色蘑菇的亲本资源。

　　2.生活史　双孢蘑菇的繁殖方式有无性繁殖和有性生殖两种。无性繁殖是指由异核母细胞直接产生子代的繁殖方式。有性生殖是其生活史的主要部分（图4-19）。在典型的双孢蘑菇中，双孢担子占绝大多数，约占81.8%。

　　3.生长发育条件　双孢蘑菇属喜温喜湿的一种腐生真菌。生产上常将牛、马、鸡粪和秸秆混合，添加适量菜籽饼或碳酸氢铵、尿素等氮源，通过微生物发酵活动，形成益于双孢蘑菇吸收利用的木质素腐殖质复合体。

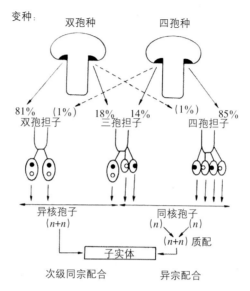

图4-19　双孢蘑菇有性繁殖生活史

（1）营养。

①碳源和氮源。双孢蘑菇是一种腐生菌，能利用各种碳源，如单糖、二糖、淀粉、木质素、半纤维素、树胶、果胶和泥炭等碳水化合物。这些碳源主要存在于农作物的秸秆之中，依靠嗜热和中温微生物，以及双孢蘑菇菌丝分泌的各种酶，被分解为简单的碳水化合物而为双孢蘑菇所利用。

②碳氮比。双孢蘑菇生长最适碳氮比是17：1，根据这个要求，在配制培养料时，原料的碳氮比应为（28～30）：1。双孢蘑菇生长发育所需要的矿质元素，包括钙、磷、钾、硫和微量元素，从堆肥和添加剂中基本可以得到满足。

（2）温度。温度是双孢蘑菇生长发育的一个重要影响因素。双孢蘑菇菌丝生长的温度范围是6～32℃，最适为22～26℃；子实体发育温度范围是6～24℃，最适为16～20℃；不同品种间略有差异。

（3）空气相对湿度与含水量。不同品种及不同生长发育阶段对水分或空气相对湿度的需求不同。堆制好的培养料的含水量达

60%～70%，以65%为宜。菇房空气相对湿度在菌丝生长阶段保持75%～80%，出菇阶段保持90%～95%。

（4）二氧化碳浓度。双孢蘑菇属好氧性真菌。适于菌丝生长的二氧化碳浓度为0.1%～0.5%，空气中二氧化碳浓度达到0.03%～0.10%时，可诱发菇蕾发生。覆土层中的二氧化碳浓度在0.5%以上时就会抑制子实体分化，达1%时子实体盖小，柄细长，易开伞。

（5）酸碱度。双孢蘑菇菌丝生长的较适pH范围为6.0～8.0，最适pH在7左右。菌丝体生长过程会产生碳酸和草酸使生长环境逐渐偏酸，因此播种时，常把培养料pH调到7.0～7.5，覆土层的pH可调到7.5～8.0。

（6）光线。双孢蘑菇生长发育不需要直射光照。直射光会使菇体表面干燥发黄，品质下降。

（三）设施栽培技术

1.中国双孢蘑菇菇房主要模式　自1992年起，福建省双孢蘑菇As2796高产优质菌株与塑料薄膜菇房规范化、集约化栽培模式的推广应用，促使中国的双孢蘑菇栽培进入又一个快速发展的阶段。

（1）标准化塑料薄膜草帘菇房。以福建省推广的标准化双孢蘑菇栽培菇房为例。菇房长11.5米，宽7.5米，边高4.5米，中高5.5米，栽培面积230米²。床架间通道两端各开上、中、下纱窗，通道中间屋顶设置5个拔风筒。菇房开1～2扇门，在中间通道或第二、第四通道开门，宽度与通道相同，门上也要设地窗（图4-20）。自2000年以后，草帘已逐渐被新型的遮阳塑料膜所替代（图4-21）。

（2）闽南高层砖瓦栽培菇房。菇房通常高5～6米，长12～15米，宽8～9米，边高5～6米，中高6～7米，栽培面积350～550米²（图4-22）。这种菇房的保温保湿性能和栽培面积利用率有了显著提高。

图4-20　标准化塑料薄膜草帘菇房

图4-21　标准化塑料薄膜菇房

（3）闽中多层砖瓦栽培菇房。菇房通常高5～6米，中高6～7米，长12～15米，宽10～12米。栽培面积400～500米²（图4-23）。

图4-22　闽南高层砖瓦栽培菇房

图4-23　闽中多层砖瓦栽培菇房

（4）爱尔兰式设施栽培菇房。自2010年后，一种具有良好保温效果、建设方便的规范化设施菇房应时而生。这种菇房主要参照爱尔兰的形似面包的菇房模式建设，因而又被称作爱尔兰菇房或面包菇房（图4-24）。菇房边高4.5米，中高6米，长12～30米，宽5～10米，栽培面积300～500米²。菇房安装循环通风风机系统，通过连接外部通风管、菇房内部的回风风管及温度调控设备，可根据栽培需求调控菇房内二氧化碳浓度、温度、湿度。

图4-24　爱尔兰式设施栽培菇房

2.栽培技术规程

（1）培养料配方。

①不同原辅材料碳氮比。双孢蘑菇培养料主要成分的碳氮比（C/N）见表4-1。按照培养料营养配比的要求，发酵前，培养料的碳氮比为（28～30）：1，含氮量为1.4%～1.6%，投料量为30～50千克/米^2。

表4-1　双孢蘑菇培养料主要成分的碳氮比

物料	C（%）	N（%）	C/N	物料	C（%）	N（%）	C/N
稻草	45.59	0.63	72.37	羊粪	16.24	0.65	24.98
大麦秆	47.09	0.64	73.58	兔粪	13.70	2.10	6.52
玉米秆	43.30	1.67	26.00	鸡粪	4.10	1.30～4.00	3.15～1.03
小麦秆	47.03	0.48	98.00	花生饼	49.04	6.32	7.76
稻壳	41.64	0.64	65.00	大豆饼	47.46	7.00	6.78
马粪	11.60	0.55	21.09	菜籽饼	45.20	4.60	9.83
黄牛粪	38.60	1.78	21.70	尿素	—	46.00	—
水牛粪	39.78	1.27	31.30	硫酸铵	—	21.00	—
奶牛粪	31.79	1.33	24.00	碳酸氢铵	—	17.00	—

②栽培配方（每平方米投料量）。

配方一：干稻（麦）草25千克、干牛粪15千克、豆饼粉0.8千克、尿素0.25千克、过磷酸钙0.5千克，石膏粉0.5千克，轻质碳酸钙0.4千克，碳酸氢铵0.25千克，石灰粉0.5千克。

配方二：菌渣70千克（杏鲍菇菌渣70千克或杏鲍菇菌渣45千克+金针菇菌渣25千克），干牛粪15千克，过磷酸钙0.5千克，石膏粉0.5千克，轻质碳酸钙0.5千克，石灰粉0.75千克。

（2）培养料堆制。

①一次发酵。首先预堆。先将稻草切短，在1%的石灰水池中浸泡充分预湿，勾沥稻草并随堆随踩成长方形；牛粪提前2～3天碾碎过筛，均匀混入饼粉，加水预湿堆成长方形，含水量掌握在手抓成团放地松散即可。

然后建堆。在堆料场用石灰画出宽1.8米、长不限的堆基，底层铺30厘米厚的稻草，交替铺上3～5厘米厚的牛粪和25厘米厚的稻草，这样交替铺10～12层，一直堆到料堆高1.5米以上。铺放稻草时既要求疏松、抖散，又要将靠料堆外墙的稻草段扎紧成束，避免散乱。料堆边应基本垂直，铺盖粪肥要求边上多、里面少，上层多、下层少。从第三层起开始均匀加水和尿素，并逐层增加用量，特别是顶层应保持牛粪厚层覆盖，顶部堆成龟背形，含水量掌握在料堆四周有少量水流出为宜。间隔3～4天后翻堆。

最后翻堆。翻堆时应上、下、里、外、生料和熟料相对调位，把粪草充分抖松，干湿拌和均匀，各种辅料按程序均匀加入。翻堆分一、二、三次，每间隔3天翻一次堆。

进房堆料时进房标准要求：培养料颜色应呈咖啡色，生熟度适中（草料有韧性而又不易拉断），料疏松，含水量为68%，pH在7.5～8.5。若料偏干，应该用石灰水调至适宜含水量，一般手握紧料有5～7滴水珠由指缝渗出即可。

②二次发酵。栽培面积230米^{2}的标准菇房用甲醛4千克+敌敌畏1千克密封熏蒸24小时以消毒，开门窗通风，排尽有毒废气后方可进料。将发酵料迅速搬进菇房，堆放在中间三层床架上，

堆放时要求料疏松，厚薄均匀。填料较多的培养料在进料时应分层定量填充，发酵好后就可直接进行整床播种。

培养料进房后，关闭门窗，让其自热升温，视料温上升情况启闭门窗，调节吐纳气量，促其自热达48～52℃，培养1天左右，若料温无法继续上升，应及时引入热蒸汽进行巴氏消毒。在料层外部料温升到60℃后开始计时，保持8～10小时。之后压炉火保持料温48～52℃继续培养3～5天（视料的腐熟程度而定），每天小通风1～2次，每次数分钟。如培养料仍有氨味，须继续升温培养至氨味消失。在整个发酵和栽培期间要强化火灾预防，测温时人不得进入菇房。可在室外制一竹竿温度计，竹竿长2米，直径2.5厘米，在前端一节挖槽，装入酒精温度计，捆紧即可，由室外插入至料中心测料温，也可放至空间侧气温。测温必须定时、准确并做好记录（图4-25）。

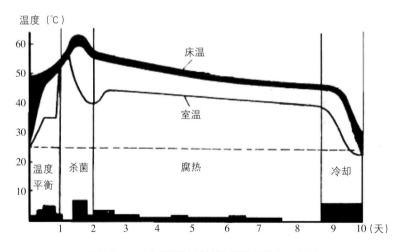

图4-25　二次发酵过程的温度随时间变化趋势

发酵良好的培养料标准：培养料颜色呈褐棕色，腐熟均匀，富有弹性，禾秆类轻拉即断；含氮量1.6%～2.0%，含水量65%～68%，氨含量0.04%以下，pH 7.5～7.8；具有浓厚的料香

味，无臭味异味；菌床上长满灰白色的微生物菌落。

（3）播种。设施化栽培的双孢蘑菇品种主要有W192、W2000、福蘑38、福蘑58、As2796等。

二次发酵结束后，打开所有门窗通风，待培养料温度降至30℃左右时，把培养料均摊于各层，翻透抖松后稍压实。若培养料偏干，可适当喷洒用冷开水调制的石灰水，使之干湿均匀；若料偏湿，可将料抖松并加大通风，降低料的含水量。然后整平料面，料层厚度掌握在20厘米左右。当料温稳定在25℃左右，同时外界气温在30℃以下时播种，每平方米栽培面积使用750毫升左右麦粒种，2/3撒播并部分轻翻入料面内，1/3撒于料面，压实打平，关闭门窗保温保湿，促进菌种萌发。

（4）培菌（发菌）。播种后2～3天，适当关闭门窗，以保持高湿为主，促进菌种萌发，若料温或室温超过28℃时应适当通风降温。3天后，当菌种已萌发且菌丝向料内生长时，适当进行微通风。播后7～10天，菌丝基本封面，应逐渐加大通风量，促使菌丝整齐往下吃料，菇房的空气相对湿度控制在75%左右。一般播种后25～30天可发菌到料底。

（5）覆土。当菌丝爬透菌床时可进行覆土处理。

①准备工作。覆土前若料面表层太干，可提前2～3天以1%石灰清水细雾湿润料面，每日2次。促进料内菌丝向上回攻和复壮，有利于菌丝爬土。

②覆土材料选择与预处理。选择适宜的持水能力强的土壤作为覆土材料。良好的覆土材料应具有良好团粒结构，毛细孔隙丰富，疏松透气，不易板结，具良好的吸水性和持水能力，含有适量的腐殖质，土壤营养肥分少，不带有病菌、害虫及虫卵。

我国普遍用作覆土的材料是稻田土。取土时应取耕作层25厘米以下、团粒结构好、毛细孔隙丰富的胶粒黏土。草炭土组织疏松，吸水性强，保水性好（含水量可达80%），酸碱度适中，病虫杂菌少，是较理想的覆土材料。但使用100%草炭土并不能达到最优效果，通常是添加50%～60%黏性壤土混合使用，可达到产量、质量和经济成本的最优化。

③覆土处理与覆盖。稻田土应取耕作层25厘米以下的土壤，将土块打成直径1.0～1.5厘米大小，在烈日下暴晒至土粒无白后装袋，至洁净阴暗处贮存备用。每10米^{3}土添加石灰100～150千克均匀混合，控制pH 7.5左右；然后用5%甲醛溶液80千克均匀喷洒土粒，并覆盖薄膜消毒24小时后摊晾，让甲醛挥发至无味备用。

覆土时先将土壤在水泥地面用水均匀湿润，调匀至手捏成团，掉地微散，再覆盖菌床。通常一次性覆盖完成，厚度3.5～4.5厘米。此时菇房相对湿度控制在90%左右。覆土后3天内，可用咪鲜胺锰盐药剂2 000倍液均匀喷洒覆土层，给水500克/米^2，用于防治真菌性病害。3天后应适当加大通风量，促进菌丝爬土。

(6) 出菇管理。双孢蘑菇出菇期随地域气候条件不同而异。通常，福建、广东、广西从第一年的11—12月至翌年的4—5月可连续出菇。

①秋菇管理。覆土后12～15天，可在覆土表面土缝中见到菌丝。当土缝中见到80%菌丝露头时应及时喷结菇水，以促进菌丝扭结，此时的喷水量应为平时的2～3倍，早晚喷，连续喷2～3天，总喷水量4.5千克/米^{2}左右，以土层吸足水分又不漏到培养料面为准。在喷结菇水的同时，通风量必须比平时大3～4倍。遇气温高于20℃时，应适当减少喷水量、增加通风，并推迟喷结菇水。喷结菇水后5天左右，土缝中出现黄豆大小的菇蕾，应及时喷出菇水，早晚喷，连续喷2～3天，总喷水量同结菇水，一般3天后可采菇。菇房用水必须符合卫生标准。

喷水量应根据菇量和气候具体掌握。床面喷水应当以间歇喷水为主，轻喷勤喷，菇多多喷，菇少少喷，晴天多喷，阴雨天少喷，忌打关门水，忌在室内高温时和采菇前喷水。每潮菇前期通风量适当加大，但需保持菇房相对湿度90%左右，后期菇少适当减少通风量。气温高于20℃，应在早晚或夜间通风喷水，气温低于15℃应在中午通风和喷水。

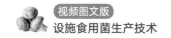

每潮菇采收后应去除根头，补土并停止喷水2～3天，让菌丝恢复生长后再喷水。栽培后期喷施适量营养添加剂，补充和调整营养成分，改善双孢蘑菇的生态环境，可提高产量。

②冬菇管理。冬菇管理的要点是控制菌床、停止出菇，维持培养料和土层中菌丝的休眠状态，为春菇生长作准备。通常采取以下措施。一是当秋菇结束后在培养料的反面打洞，以散发废气，补充新鲜空气。二是当气温低至10℃左右，仍有零星出菇，但基本不喷水，让菌丝开始进入冬季休眠阶段；5℃左右，每周可喷水1～2次，保持覆土干燥而不变白；≤0℃时，每周喷水1次，每次喷水量大约为0.45千克/米^2。中午给予适当通风，保持菇房内空气新鲜又不结冰。

③春菇管理。通常，北方在3月气温回升≥10℃时，进入春菇生产。越冬春菇的菌丝活力比秋菇有所降低，培养料养分减少，气温变化由低到高，不利于生产，因此，此期对生产管理要求较高。北方春季干燥且温度变化大。春菇前期，菇房以保温、保湿为主，让菌丝充分恢复生长。随着气温升高，开始调水，需轻喷勤喷，每天喷水量约为0.5千克/米^2，逐渐提高覆土的湿度（手捏成团，掉地即散）。气温≤16℃，中午通风；20℃左右，早晚通风。此期（北方大约4月）是春菇生产的黄金时间，出菇管理要根据气温变化而调整，用水要准、要足，以保证产量。春菇中后期，气温偏高，需采取降温与病虫害防治措施，并及时调控出菇，保证春菇质量。也有相当部分栽培者把秋菇和春菇的栽培分开，分别制作培养料，投入虽然高些，但产量也高。

3.常见病虫害及预防控制

（1）双孢蘑菇常见寄生性病害。

①疣孢霉病（又称褐腐病、白腐病等）。

A.危害症状。病原为疣孢霉（*Mycogone perniciosa*），分生孢子梗呈轮枝分枝，顶端单生分生孢子，无性孢子有薄壁分生孢子与厚垣孢子两种形态。

病原菌主要侵染双孢蘑菇菌丝。双孢蘑菇子实体未分化时被感染，分化受阻，形成马勃状组织块等畸形菇，表面长出白色绒毛状菌丝，组织块逐渐变褐，并渗出暗褐色汁液。在子实体菌柄和菌盖分化后感病，菌柄变褐，基部长出绒毛状病菌菌丝。在子实体发育末期被感染，感染部位会出现角状淡褐色斑点，但看不到病原菌菌丝；受轻度感染时，菌柄肿大成泡状或出现褐色斑点。病菇久留菇床，都会变褐、软腐、发臭（图4-26）。

图4-26　双孢蘑菇疣孢霉病主要发病特征

　　B.防治措施。一是消毒覆土，这是控制疣孢霉病发生的关键，发病严重地区的河泥、塘泥不宜使用。二是覆土之后第三天，床面均匀喷洒咪鲜胺锰盐2 000倍液或噻菌灵1 500倍液，可有效预防疣孢霉病发生。三是及时摘除病菇及疣孢霉菌丝块，转潮时在发病部位均匀喷洒无公害农药，摘除的病菇及时焚烧处理。若发生大面积疣孢霉病，应立即停止喷水，挖掉菇床上的病菇及疣孢霉菌丝块，菌床通风2～3天，待菇床表面干燥，再使用上述浓度的药剂喷湿喷匀覆土，周围环境也要均匀喷雾。

　　②细菌性斑点病（又称褐斑病）。

　　A.危害症状。病原是一种假单胞杆菌（*Pseudomonas tolaasi*）。发病时，初期在菌盖上出现1～2处小的黄色变色点，而后逐渐变成暗褐色凹陷的斑点。当斑点干后，菌盖开裂，形成不对称子实体，菌柄上偶尔也发生纵向的凹斑，菌褶很少感染。菌肉变色部分一般很浅，很少超过皮下3毫米。有时采收后才出现病斑，特别是双孢蘑菇置于高温条件下，水分在菇盖表面凝结时，更易发生此病（图4-27）。

B.防治措施。一是减少温度波动。高温时，空气相对湿度控制不超过90%。二是加强通风，使菇表面不积水、土面不过湿。三是发病时在菇床及周围环境喷施1 000倍漂白粉或漂粉精液，或1 000万单位农用链霉素1 000 ～ 1 500倍液。

图4-27　双孢蘑菇细菌性斑点病主要发病特征

（2）双孢蘑菇常见竞争性病害。

鬼伞属

A.危害症状　鬼伞属（*Coprinus* sp.）是双孢蘑菇栽培中常见的竞争性杂菌，主要危害种类有晶粒鬼伞、毛头鬼伞和墨汁鬼伞。鬼伞子实体出现在料堆周围或床面上（图4-28），发生很快，从子实体形成到溶解成黑色黏液团，只需24 ～ 48小时。鬼伞不直接侵害蘑菇，其生长迅速，密度大，数量多，消耗大部分养分而导致双孢蘑菇减产，甚至绝收；其成熟自溶后流出的黏液在菌床上腐烂，会引起青霉、木霉等霉菌的发生。

B.防治措施。一是严格进行一、二次发酵操作，科学堆制培养料，提高堆温，降低氨气含量，防止培养料过湿。二是菇床上发生少量鬼伞之后，应及时摘除销毁，以免成熟后其孢子四处传播。

图4-28 双孢蘑菇栽培床面上生长的鬼伞

（3）双孢蘑菇常见虫害。

①螨虫。

A.危害症状。螨虫是双孢蘑菇生产中危害最大的微小蛛形类害虫，又称菌虱，繁殖能力极强。双孢蘑菇害螨种类有食酪螨、蜘蛛螨、跗线螨、矮螨类等。它们以取食菇类菌丝和子实体为主。虫口数量大时，会造成菇体死亡、菌床退菌现象，严重者甚至绝收（图4-29）。

B.防治方法。一是把好菌种质量关。二是保证菇房及栽培场地内外的清洁卫生，在菇房门口撒播生石灰。三是进行堆肥二次发酵，杀灭虫卵。四是在害螨危害严重时，可先喷1%～2%红糖水于菇床表面，诱虫爬上床面，20～30分钟后喷施氟虫腈1 000倍液于床面，也可喷施1%甲氨基阿维菌素乳油2 000倍液。

②菇蚊或菇蝇。

图4-29 菇床上的红色蜘蛛螨危害

A.危害症状。雌性菇蚊常在未播种的堆肥中产卵，在菌丝长满堆肥前，幼虫就会孵化，开始啃食菌丝；在出菇阶段害虫钻入菌柄、菇盖，致使子实体失去商品价值。同时，成虫和幼虫的活动也能传播病菌，造成子实体停止发育甚至死亡。制罐过程中，钻入子实体内的幼虫难以清洗干净，装罐后残留在子实体上或漂在汤液中，严重影响双孢蘑菇罐头的质量。

B.防治措施。一是做好菇房内外的清洁卫生，培养料必须二次发酵处理，杀死料中藏匿的幼虫及虫卵。二是菇房门窗用纱网封牢，防止成虫飞入。三是用灭蚊灯诱杀或用1∶2∶3∶4的酒、糖、醋、水溶液诱杀，也可用废菇液加几滴敌敌畏置盆中诱杀，还可每平方米放置2～4粒樟脑丸（下垫薄膜）驱虫。四是用甲氨基阿维菌素苯甲酸盐2 000倍液或溴氰菊酯1 500倍液喷雾灭杀。

四、羊肚菌

（一）概述

羊肚菌是一种珍稀的野生食药兼用菌，子实体呈圆锥形，因其外观形似牛羊的网胃而得名。羊肚菌既是宴席上的珍品，又是久负盛名的食补良品，据测定每100克羊肚菌含脂肪5.86克、蛋白质25.19克、碳水化合物36.7克，有文献报道羊肚菌还含有膳食纤维、维生素、矿物质以及必需氨基酸。羊肚菌味道鲜美，功效独特。中医根据其味甘性平的特点，将其入药，用于治疗痰咳嗽、肠胃不适等病症。羊肚菌在分类学上隶属子囊菌门，盘菌纲，盘菌目，羊肚菌科，羊肚菌属。羊肚菌属共有28个种，分布于世界各地。迄今为止，我国的羊肚菌已报道了20种，有小顶羊肚菌、尖顶羊肚菌、粗柄羊肚菌等。羊肚菌原本是一种野生菌，现已可以人工种植，羊肚菌栽培具有操作简单、劳动强度低、周期短、收益高等优点。随着羊肚菌栽培设施及技术的不断完善，栽培地已扩展至全国20多个省份。羊肚菌属于中低温菌类，适合在我国北方栽培，只要合理安排种植茬口，借助设施对温湿度进行调控，即可满足出菇条件。辽宁可采用秋播冬收和春播夏收生产模式，该技术栽培羊肚菌，子实体致密厚重，香味浓郁，而且出菇时节与云南、四川等主产地错开，填补羊肚菌鲜品市场空窗期，能获得较高的栽培效益。

（二）生物学特性

1.形态特性　羊肚菌的子实体常由1个可孕菌盖和1个不孕菌柄组成，多为单生、散生，亦有群生（图4-30）。菌盖卵形或圆形，长2.5～6.0厘米，直径2～5厘米，表面有许多小凹坑，浅褐色，外观似羊肚。边缘全部与柄相连，表面凹凸不平，呈蜂窝状。菌柄圆柱形，白色，幼时上表面有颗粒状突起，后期变平滑，基部膨大且有不规则的凹槽，子实体中空，子囊孢子8个，单行排列，光滑，椭圆形。羊肚菌属内各种子实体的大小、形状、颜色差异较大，这与其所处的环境和气候因子有关。

羊肚菌适合生长于低温环境，适宜温度5～12℃，适宜生长的环境相对湿度66%～75%。羊肚菌常生长于春秋雨后，在雨后就会有大量的菌丝萌发，当气温上升到一定程度的时候，菌丝开始大量发育，逐渐形成子实体，并随着子实体的生长破土而出。

图4-30　羊肚菌子实体

羊肚菌在低温高湿度的环境下生长迅速，而且对阳光的需求量不高，甚至需要避免阳光直射。

2.生活史　羊肚菌通过无性繁殖和有性繁殖产生孢子。无性繁殖产生分生孢子，有性繁殖产生子囊孢子。无性繁殖由菌丝产生孢子囊梗，再由孢子囊梗的顶端发育成孢子囊，在囊内产生新的孢子，待孢子成熟后可在适宜生长条件下萌发成菌丝体进而形成子实体；有性生殖阶段是通过初生菌丝的"+""－"两种菌丝配合产生由孢子囊结合形成的接合孢子，接合孢子进行减数分裂形成芽管，并随着芽管的伸长，在其顶端形成孢子囊，待孢子囊内的孢子成熟后产生子囊孢子形成新的菌丝，再由菌丝形成子实体。

3.生长发育条件

（1）营养。碳源、氮源、维生素、微量元素等都对羊肚菌菌丝体的生长表现出一定作用。试验证明，羊肚菌生长的良好碳源是玉米、淀粉、麦芽糖、果糖、葡萄糖、蔗糖，且玉米和葡萄糖是较好的碳源。良好的氮源是半胱氨酸、天冬氨酸、亚硝酸钠、硫酸铵、硝酸钠，且硫酸铵的效果最好。维生素 B_1、维生素 B_2、维生素 B_6、维生素 H、叶酸对羊肚菌菌丝生长有明显的促进作用，尤其是维生素 H，而维生素 B_1 和维生素 C 对菌丝生长有抑制作用。适量的锌、铜、硒等微量元素对羊肚菌菌丝生长也有积极作用，这些微量元素中的有些元素间还表现为协同作用。

（2）温度。羊肚菌的子实体一般发生在每年春季4—5月和秋季8—9月。在萌动期，即每年3月中旬，此时的温度（8℃以上）有利于菌丝大量萌发，4—5月（15～20℃）菌丝迅速生长并进行组织分化，继而形成子实体原基，之后子实体伸出土壤表面快速生长。6月中旬（大于25℃），羊肚菌子实体生长逐渐缓慢，最后消失。此外，昼夜温差大有利于子实体形成。也有试验证明，最适合羊肚菌菌丝体生长和菌核发育的温度范围分别为15～25℃和20～25℃。其营养生长阶段的最佳温度为20℃，而菌核形成生长的最佳温度为25℃，当温度高于15℃且低于它的耐受温度时，恒温条件更有利于其生长。

（3）水分。羊肚菌在营养生长阶段对土壤湿度不敏感，一般以45%～55%为宜；人工栽培的培养基含水量以60%～65%为宜；子实体发育时空气相对湿度以80%～90%为宜。

（4）光照。羊肚菌适宜在光线微弱的环境下生活，尤其是在三分阳七分阴的条件下，菌丝生长力最强。

（5）空气。足够的氧气有利于菌丝体的生长。此外，当二氧化碳浓度超过0.3%，就会使子实体生长出现畸形分化，甚至有腐烂现象。因此，在培养时应注意通风，否则就会引起二氧化碳浓度过大，影响其生长。

（6）酸碱度。羊肚菌生长培养基或土壤的pH在5.0～8.2，菌丝均可生长，但最适pH在6.0左右。

（三）设施栽培技术

1.设施要求　栽培场所宜选择坐北朝南、地势平坦开阔、靠近水源、水质良好、光照较好、交通便利、排水方便，有助于空气流通的地方。不要将栽培场所建在养猪场、养牛场或城市生活垃圾场、污水沟等易发生虫蝇、环境卫生较差的场所旁边。每季栽培结束后，应及时清理废菌料并对菇场进行消毒。

2.栽培工艺流程　培养料配制—拌料—装袋—灭菌—冷却—接种—菌丝培养—诱发原基—播种—发菌—催菇—出菇—采收。

3.菌种生产　羊肚菌菌种包括母种、原种、栽培种三种。

（1）母种制备。母种培养基制作方法如下：马铃薯400克去皮切成小块置于锅内，加入麦麸40克、腐殖土40克和水2 500毫升，煮熟过滤；将滤液倒入锅内烧开，加入琼脂粉40克，搅拌至融化后再加入葡萄糖40克，待全部融化后停止加热。趁热注入18毫米×180毫米的试管，装入量以试管高度的1/5～1/4为宜，用硅胶塞塞好，垂直放置；装入高压锅内灭菌后取出摆成斜面，待试管内水蒸气自然干后即可使用。

羊肚菌分离方法如下。在野生羊肚菌出菇期间，采收朵大肉厚、外形美观的壮龄新鲜野生羊肚菌，用无菌水冲洗几次，用75%酒精消毒数秒后，立即放入浓度为0.1%～0.2%的汞溶液消毒1～2分钟，再用无菌水冲洗干净，之后用无菌滤纸吸干表面水分。对接种工具灭菌，羊肚菌组织切成小块，接入试管斜面培养基上，置于15～18℃条件下培养，菌丝长满试管即得到母种。

（2）原种制作。原种是指用母种转接、扩大培养而成的菌丝体纯培养物，又称为二级种。

①原种培养基配方。木屑60%、小麦20%、麦麸10%、腐殖土10%，石灰和石膏适量。

②原种制作方法。木屑提前腐熟，小麦使用前进行浸泡。制作原种时先将腐熟好的木屑、小麦与麦麸充分预湿后搅拌，调整含水量至60%～65%，再加入腐殖土、生石灰和石膏拌匀，装瓶灭菌，冷却后即可接种。接种须在20℃以下环境进行，最好在接种箱内消毒接种。1支母种可接种6～8瓶原种，接完种后放入温度15～20℃、通风良好的室内培养，15～20天后，待菌丝长满培养瓶即可得到原种。

（3）栽培种制作。栽培种培养基的配方为木屑55%、小麦35%、腐殖土10%，石灰和石膏适量。制作方法同原种，每亩*用种量300袋。

4.畦床处理及播种后管理　设施内的土壤以透气性良好的中性沙壤土为好，土壤pH以偏碱性为宜。秋季播种前15～20天卷起暖棚棉被，强光暴晒或高温闷棚可减少病虫害的发生概率。播种前2～3天均匀撒生石灰50～75千克/米²，翻地25～30厘米，疏松土壤，调节土壤pH达到8左右。播种时每隔20厘米留有畦面80厘米，立桩拉绳作标尺，将菌种均匀撒于畦面上，立即挖取预留畦面土覆于已播种畦面上，覆土厚1～2厘米，整理后畦高10～15厘米（图4-31）。播种后及时喷雾化水，直至畦沟土层30厘米内土壤持水量充足，如浇水时有垄沟内形成积水，则应等水下渗后再继续浇水。

＊　亩为非法定计量单位，1亩约为667米²。——编者注

图4-31　羊肚菌设施栽培

（1）发菌期管理。浇水后，菌丝便进入营养生长阶段，发菌时不能强光直射，以黑暗为宜，调控棚内温度10～18℃，空气相对湿度60%～70%。播种3天后每天开棚上通风口10～20分钟。一般播种后2～3天即可看见白色菌丝萌发。历经7～10天，地面铺满白色菌丝及分生孢子。

（2）外源营养袋的摆放。外源营养袋（羊肚菌栽培过程中外源添加的营养基质）是羊肚菌子实体生长发育的重要营养来源，是保证高产稳产的核心，不摆放营养袋不出菇的风险会很高。播种后7～10天白色菌丝长满畦面，形成菌霜，当有60%～80%畦面产生菌霜时，可摆放营养袋，进行外源营养补充，注意放置前要彻底灭菌。土壤湿度过低时可雾状喷水至畦面土粒不泛白、不干裂即可。以"品"字形间距30～50厘米摆放营养袋，用裁纸刀纵向在营养袋上划开1～2道口，开口向下放置，轻轻按压，让营养袋料与土壤完全接触。一般每亩地摆放1 800～2 200袋（每袋500克）。营养袋摆放后继续按照发菌期环境要求进行管理。羊肚菌属于好氧性真菌。如选择的栽培季节发菌阶段早晚外界温度较低，需在中午通风10～30分钟；如选择的栽培季节发菌阶段早晚外界温度较高，则要在早晚温度较低时进行通风，每次通风10～30分钟。

视频9
羊肚菌摆放外
源营养袋

（3）催菇管理。一般菌丝培养40 ~ 60天即可催菇。越冬出菇，翌年3月中下旬、土层地表以下10厘米处温度达8℃左右时，移除营养袋，进入催菇管理。喷雾状水，直至畦沟土层30厘米内土壤持水量充足，如浇水时垄沟内形成积水，则应等水下渗后再继续浇水，以确保浇透水，但严禁垄沟长时间积水。控制棚温白天10 ~ 14℃，晚上4 ~ 6℃。每天1 ~ 2次微通风，每次1 ~ 2小时。同时棚内有散射光照射，光照度500勒克斯左右。一般催菇7 ~ 10天即可现蕾（图4-32）。

图4-32　羊肚菌现蕾

5.出菇管理　原基分化后，控制地温8 ~ 14℃，温度过低原基不分化，温度高于16℃或波动大会造成幼菇死亡。出菇期棚内保持空气相对湿度85% ~ 95%；空间和土壤湿度低时采用喷雾式补水方式。冬季出菇，中午温度高时，打开上通风口通风5 ~ 15分钟；春季出菇每天通风2次，每次10 ~ 20分钟。通风的同时监测温度变化，避免温度波动过大。出菇阶段每天光照4 ~ 6小时，光照度300 ~ 500勒克斯。

6.采收　羊肚菌现蕾后15 ~ 20天，菌盖长至3 ~ 10厘米，菌柄长2 ~ 5厘米，蜂窝状子囊果部分已基本展开，子实体由浅黄色变为深褐色，菌柄白色，菌盖脊与凹坑棱廓分明，有弹性，有浓郁的香味时，可采收第一潮菇。采收时戴手套，用锋利的小刀在菌柄近地面，沿水平方向切割，避免损伤附近的原基和幼菇。

采收后除掉黏附在菇柄上的泥土或杂物。第一潮菇采收后，将畦面上的菇脚清理干净，控制温度在10 ~ 20℃，空气相对湿度80% ~ 90%，保持畦面湿润，每天通风2次，每次15 ~ 20分钟，

7～10天可再次形成原基。一般可采收2～3潮羊肚菌。采收后去掉羊肚菌根部泥土，鲜销，2～4℃条件货架期4～6天；也可烘干和速冻待售（图4-33）。

图4-33　羊肚菌鲜品（左）和羊肚菌干品（右）

五、竹荪

（一）概述

竹荪隶属担子菌门，腹菌纲，鬼笔目，鬼笔科，竹荪属，又名竹笙、竹参、竹花、竹松、网纱菌、僧笠蕈等。目前，人工驯化的竹荪主要有4个品种，分别为棘托竹荪（*Phallus echinouloluata*）（图4-34）、红托竹荪（*Phallus rubrovolatus*）（图4-35）、齿缘竹荪（*Phallus serratus*）（图4-36）和冬荪（*Phallus dongsun*）（图4-37）。竹荪是驰名中外的珍稀食用菌，20世纪70年代以来，中国菌物学家对竹荪的分类、生理生态、野生变家种、人工驯化栽培技术方面的研究，有力地推动了中国竹荪产业的快速发展。竹荪栽培具有原料来源广泛、取材容易；污染少、出菇快；成本低、见效快；管理方便，适于农家栽培等优点，作为一门高效益的致富产业，在中国迅速推广。本书重点介绍棘托竹荪生物学特性、栽培技术、采收烘干和病虫害防治等方面内容。

图4-34　棘托竹荪　　　　图4-35　红托竹荪

图4-36　齿缘竹荪　　　　图4-37　冬　荪

（二）生物学特性

1.形态特征　竹荪形态绚丽、优美、奇特，为其他菌类所不及，被赞誉为"真菌皇后"。竹荪的菌幕是一围柔纱般的多形网，称为菌裙，因此还有人形象地把它称作"穿着裙子的蘑菇""面纱女郎""雪裙仙子""白裙公主"等。

竹荪菌丝体由担孢子萌发而成，担孢子是竹荪的基本繁殖体。在显微镜下观察，孢子为无色透明、椭圆形、光滑，大小为

（3.0 ～ 4.5）微米 ×（2.2 ～ 3.7）微米。

菌丝体是竹荪的营养体。其功能是分泌胞外酶，分解、吸收、储存和运输养料。菌丝体由无数纤细的菌丝组成，发育初期呈白色绒毛状。

子实体由菌盖、菌裙、菌柄、菌托4个部分组成，如图4-38所示。

菌盖钟形，高2 ～ 4厘米，表面有网纹或皱纹，子实层着生在菌盖表面上。当孢子成熟时，子实层呈黏液状，并具臭味。这种臭味可以招引昆虫，昆虫的足、口器就把孢子带到他处，从而起到散播孢子的作用。

菌裙是主要食用部分。当子实体成熟后，菌裙从柄顶端向下撒开，长6 ～ 20厘米，白色，网状，网眼圆形、椭圆形或多角形。

菌柄圆柱状，中空，基部钝尖，顶端有一穿孔，海绵质，白色，长5 ～ 30厘米，直径2 ～ 4厘米。它起着支撑菌盖和菌裙的作用，也是主要食用部分。

当子实体成熟时，冲破菌蕾外的包被，整个子实体伸长外露，包被则遗留在菌柄基部，形成菌托。菌托有3层：外层（外包被）膜质，光滑，棘托竹荪棕褐色，红托竹荪紫红色；中层（中包被）为半透明胶质；内层（内包被）膜质、乳白色。

图4-38　竹荪子实体形态结构

2.生态习性　竹荪的生态习性有以下4个方面。

（1）腐生菌。与其他大型真菌一样，竹荪没有叶绿素，不能进行光合作用，靠分解纤维素、半纤维素、有机氮等吸收营养物质而生存，属于腐生生活的菌类。

（2）喜氮。氮素是竹荪合成蛋白质和核酸所必需的原料。竹荪主要利用有机氮，如尿素、氨基酸等。培养料中氮素的含量对竹荪的营养生长和生殖生长有很大影响。菌丝生长阶段，培养料的含氮量应比其他菌类相对高些。如含氮量过低，菌丝生长不茁壮，产量低。一般竹屑、木屑中氮源不足，培养料建堆发酵时，可适量添加尿素，促使菌丝生长茁壮，有利于提高产量。

（3）喜阴湿。在自然界，竹荪生长在郁闭度90%左右的竹林和森林地上。森林下腐殖层比较潮湿，基质含水量60%～65%。表土层含水量在28%左右，15厘米深层处含水量在24%左右。子实体生长期，林间的空气相对湿度90%左右。

（4）好氧。野生竹荪大都生长在地表，土质为沙壤土，腐殖层较疏松，其菌丝生长洁白粗壮；林地植被疏密适中，其菌球生长量多且大，子实体形成正常。这表明竹荪是十分好氧的菌类，在氧气充足的环境中，发育良好、产量高、品质优。

3.生活史　在自然界，竹荪主要是靠昆虫传播来繁衍后代。成熟的孢子由昆虫带走或孢子黏液被雨水冲到适合竹荪生长的基质中，遇到适生长宜的温、湿度条件便萌发为菌丝，菌丝不断生长形成庞大的菌丝体，经过一定的时间，菌丝体膨大分化成菌索穿越覆土层或地面，其末端膨胀分化成菌蕾。菌蕾由小变大呈球状，成熟后破裂，长成子实体，子实层再形成担孢子。如此周而复始地生活，代代相传。竹荪在大自然中生长需要1年左右，而人工栽培仅需5～6个月。

竹荪子实体形成过程分为以下6个阶段：原基分化期、球形期、桃形期、破口期、菌柄伸长期、成熟自溶期。

4.生长发育条件

（1）营养。竹荪是一种腐生性真菌，对营养物质没有专一性，与一般腐生性真菌的需求大致相同，其营养包括碳源、氮源、无机盐和维生素。

碳源是竹荪碳素营养的来源，它不仅能提供碳素用以合成糖类和氨基酸的骨架，同时又是竹荪生长发育所需要的能量来源。

氮源是指能被竹荪菌丝细胞吸收利用的含氮化合物，是合成细胞蛋白质和核酸的必要元素。竹荪菌丝主要的氮源有蛋白质、氨基酸、尿素、铵盐等，其中氨基酸、尿素等可被竹荪菌丝体直接吸收。

无机盐是构成竹荪细胞的成分和酶的组分，还具有调节细胞渗透压的作用。在配制液体培养基时，常加入适量的磷酸二氢钾、磷酸氢二钾、硫酸钙、硫酸镁，来满足竹荪生长发育的需要。

维生素是一组具有高度生物活性的有机物质。它是生物生长和代谢过程中必不可少的物质。竹荪和其他腐生真菌一样，一般不能合成维生素B_1，尽管对其用量甚微，但缺乏它生长发育会受阻，因此需要补充。

(2) 温度。温度是竹荪生长发育的主要条件。尤其是子实体生长和开伞撒裙，温度不适，不能形成，这主要是受体内酶的影响。

不同竹荪品种及不同生长阶段对温度的要求不一样。在营养生长阶段，温度5～30℃均可生长，最适生长温度为23～25℃。在生殖生长阶段，中温型的品种子实体形成和分化适温范围为19～28℃，在低海拔气温较高的地区，人工栽培很难越夏，且对环境条件、培养料和覆土要求苛刻，不易形成菌球。棘托竹荪菌丝生长温度范围为13～38℃，适宜温度为23～32℃，子实体在25～32℃气温范围内能形成和分化撒裙。如果气温高于35℃，畦床水分大量蒸发，湿度下降，菌裙黏结不易下垂或托膜增厚，造成破口抽柄困难。

(3) 水分。水分是竹荪细胞的重要组成部分，也是竹荪新陈代谢和吸收营养必不可少的基本物质。水分包括培养基质含水量、空气相对湿度和土壤湿度。

竹荪生长发育所需的水分，绝大部分是从培养基质来的。营养生长阶段的基质含水量以60%～65%为宜，低于30%菌丝脱水而死亡，高于75%培养基通透性差，菌丝会因缺氧窒息死亡。进入子实体发育期，培养基含水量要提高到70%，以利养分的吸收和运转；但含水量过高，也会造成菌丝霉烂，影响生殖生长。

竹荪在营养生长阶段，因菌丝在基质中蔓延生长，故空气相对湿度对它没有直接的影响，不过空气相对湿度过低，会加速覆土层和培养基中水分的蒸发，也不利于菌丝的生长。这个阶段的空气相对湿度以维持在65%～75%为宜。进入生殖生长阶段，在菌蕾处于球形期和桃形期后，为了促使其分化，空气相对湿度要提高到80%；菌蕾成熟至破口期，空气相对湿度要提高到85%；破口到菌柄伸长期，空气相对湿度应在90%左右，菌裙张开时，空气相对湿度应在95%以上。如果此时空气相对湿度偏低，菌裙难以张开，板结在一起，则失去商品价值。

（4）空气。竹荪属好氧性真菌。无论是在菌丝体生存的培养基质和土壤中，还是在菌蕾和子实体生存的空间里，氧气都必须充足。如培养基质和土壤中的氧气充足，竹荪菌丝体长势就旺盛，生长速度就快，子实体原基形成也快；反之，菌丝生长缓慢，在严重缺氧的情况下，菌丝不仅生长受到抑制，而且会窒息死亡。

（5）光照。竹荪在营养生长阶段不需要光照。在无光下培养的菌丝体呈白色绒毛状，菌丝见光后生长受抑制，且容易衰老。在生殖生长阶段，子实体原基的形成一般也不需光照。菌蕾出土后则要求一定的散射光，微弱的散射光不会影响菌蕾破口和子实体的伸长、撒裙。但强烈的光照，不仅难以保持较高的环境湿度，还有碍于子实体的正常生长发育，强光和空气干燥容易使菌球萎蔫，表皮出现裂斑，不开裙或变成畸形菇体。人工栽培竹荪场所的光照度，控制在15～200勒克斯为宜。

（6）酸碱度。在自然界中竹荪生长在林下腐殖层和微酸性的土壤中。竹荪生长较适宜的pH为4.5～6.0，菌丝生长的pH以5.5～6.0为宜，子实体发育的pH以4.6～5.0为宜。

（7）土壤。土壤不仅可为竹荪菌丝提供一定的营养物质、水分和热量等，还可提供适宜的pH。但是对竹荪菌丝体来说，土壤仅仅是一种提供所需条件的介质，如没有土壤这种介质，只要能满足上述必需条件，菌丝仍然可以正常生长。但由营养生长转入生殖生长阶段就离不开土壤。

（三）设施栽培技术

中国竹荪栽培方式，自20世纪80年代后期以来，云南、湖南、四川采用培养料室内层架栽培和野外畦床栽培，以及菌丝体压块栽培或菌丝体脱袋覆土栽培，贵州还采取砂锅栽培。上述几种栽培方式，均是培养料经过高温灭菌处理冷却后，再接入竹荪菌种，生产规模有一定约束，产量上不去。目前，规模化栽培竹荪的方式，仍是福建省的生料或发酵料野外开放式畦床栽培。

1.播种季节与品种

（1）最佳播种期。竹荪栽培一般分春、秋两季。中国南北方气温不同，具体安排生产时，必须以竹荪菌丝生长和子实体发育所要求的温度为依据。通常掌握气温稳定在 8 ~ 30℃，均可播种栽培。具体掌握两点：一是播种期气温不超过28℃，播种后适于菌丝生长发育；二是播种后2个月的菌蕾发育期，气温不低于16℃，使菌蕾健康生长成子实体。

（2）栽培品种选择。棘托竹荪，菌丝呈白色索状，在基质表面呈放射性匍匐增殖。菌蕾呈球状或卵状。菌托白色或浅灰色，表面有散生的白色毛，柔软，上端呈锥刺状。随着菌蕾成熟或受光度增大，棘毛短少，至萎缩退化成褐斑。菌蕾多为丛生，少数单生，一般单个重20 ~ 50克，子实体高15 ~ 25厘米，肉薄，菌盖薄而脆，裙长落地，色白，有奇香。菌丝生长适宜的温度5 ~ 35℃，而以 25 ~ 30℃最适；子实体生长温度23 ~ 35℃，以25 ~ 32℃最适，属高温型。菌种采用棘托竹荪D1、D89菌株。

2.栽培原料准备　适合栽培竹荪的原材料有四大类，即竹类、农作物秸秆类、野草类、树木类。在选料时，要因地制宜，就地取材，任选一种或多种综合均可。在闽浙赣地区，毛竹资源丰富，

通常使用的原料为加工厂下脚料的竹丝和竹粉，以及杂木屑、黄豆秸、芝麻秆、芦苇及其他野草。备料量为每亩竹丝和竹粉4 000千克、杂木屑2 000千克、麦麸50千克、尿素15千克、轻质碳酸钙或过磷酸钙50千克、石膏50千克。

3.选地整畦　场地选择要求向阳、开阔、通风、环境洁净、靠近水源、排水良好；土质要求疏松、腐殖质含量高、透气性强、不易板结，pH为6.0～6.5。当年种过甘薯、玉米等作物的田地，土质缺肥，不理想。田地栽培前1个月选择阴雨天施基肥，每亩施尿素15千克、过磷酸钙50千克，以增加土壤养分。竹荪是好氧性真菌，且具有边际效应特点，即子实体多长在畦边，畦中部现蕾较少。在整理畦床时，畦面不宜过宽，畦床宽60～80厘米、畦高20～25厘米。四周开设排水沟。

4.建堆发酵　每年11月底直接把栽培料运至农田建堆发酵（图4-39）。操作时，按一层原料撒一层尿素、轻质碳酸钙，并浇清水，使培养料含水量达60%；然后再加原料、撒尿素和轻质碳酸钙，如此反复、使料堆宽约3米，高约1.5米。每隔半个月翻堆1次，根据培养料干湿情况加水。翻堆应选择晴天温度

图4-39　培养料建堆发酵

较高时进行，此时翻堆热量散失少，有利于料堆再次升温发酵，前后共翻3～4次，最后1次加入麦麸均匀拌料。建堆发酵需50～60天，直到散尽培养料中的废气。建堆发酵的作用一方面是增加培养料的含氮量，使培养料变软、腐熟，增加培养料持水性；另一方面是发酵时产生高温杀死杂菌、害虫及虫卵和破坏培养料的生物碱。

5.铺料播种　当天气温度稳定在10℃以上即可播种。南方地区每年1月中旬至2月播种最适宜。播种后60～70天，原基分化，进入菌蕾和子实体发育期，温度在20℃以上出菇，4月下旬可采收，9月中下旬结束采收，一般采菇4～6潮。

铺料播种前，先将发酵料在畦床上堆成龟背状的畦。同时检查基料中是否还有氨气，如有，把培养料继续晾1～2天再播种。在晾料期间要防止大雨冲刷培养料的养分。在播种期间，如料太干需浇适量的水，使含水量达60％～65％。播种时，采用"一"字形双排播种法，播下块状菌种，覆盖培养料稍微压实（图4-40）。然后覆土厚4～5厘米。上面铺一层稻草。1～2天后稻草吸湿变软时，再盖上黑白地膜（图4-41），起到保温、防雨、防杂草的作用。每亩用种量为600～800袋菌种（每袋500克）。

播种1周后，在畦床边角处扒开播种层检查（图4-42），抽样检测菌种萌发和吃料情况。正常的竹荪菌种块萌发的菌丝呈白色绒毛状，如果菌丝不萌发或菌丝细弱无力且变黑发霉、有臭味，须查明原因后再补种，确保菌种成活率在95％以上。

图4-40　竹荪播种

图4-41　畦面覆膜

图4-42　检查竹荪菌丝萌发情况

6.发菌培养　播种后温度在15℃以上，菌丝不断生长形成菌索，经过培养由营养生长转入生殖生长，基质含水量必须保持在60%，覆土含水量保持在20%，干旱时采用灌"跑马水"和喷水等

视频10
竹荪畦面揭膜

补水方式。通过掀、盖薄膜调整畦床温度。若气温超过30℃时要掀膜降温；若低于16℃时，除了透气外，还要把薄膜盖好，防雨保温。若畦面出现菌丝徒长，可掀膜通风。待竹荪菌丝爬至畦面稻草覆盖物以下，可揭去地膜加大通风，并喷洒草甘膦除草。

7.搭建荫棚　当出现小菇蕾时、即可建棚遮阳。一般掌握在4月底至5月初搭建荫棚进行遮阳，过早搭建会降低地表温度，影响菌丝生长速度，过迟搭建会因太阳直射给菌丝造成伤害。

搭建遮阳网架，首先在竹荪田块四周打入高2米、直径6厘米以上的木桩（图4-43），木桩与木桩的间隔约3米，面积大的田块木桩之间距离可以再缩小，防止在大风天气倒塌。每个木桩还需用铁丝向外斜拉一根固定线，一头绑在木桩顶端，一头绑在小木棍上，小木棍用力拉紧铁丝并沿着木桩相反方向，斜着打入泥土。木桩固定后，用尼龙绳把面对面的两根木桩连起来，这样就在木桩顶端形成约3米×3米的尼龙绳网格。搭建好的遮阳网架一般高1.8米，这样的高度方便生产操作，可提高生产效率。

视频11　　　视频12
竹荪遮阳网架　竹荪遮阳网
立柱

遮阳网架搭建好后，在适当的时候就可以铺盖遮阳网。种植竹荪用六针、遮阳率90%、宽8米、长50米的遮阳网，按田块的长边与遮阳网的长边同一方向铺盖，用尼龙线把遮阳网周边固定在架设的尼龙绳网格上。遮阳网用一次性筷子穿插拼接，便于拆卸翌年再次使用。

8.出菇管理

（1）菌蕾发育期的管理。菌蕾由小到大长成球形时（图4-44），水分管理要求逐日增多，必须早晚各喷水1次，保持相对湿度不低于90%。可从感观测定：畦床的罩膜上雾状明显，水珠往盖膜两边流滴。湿度适

图4-43　遮阳棚木桩

宜，菌蕾加快生长；湿度不够、覆土干燥，菌蕾生长缓慢，表面龟裂纹显露。如果畦内基料水分不足，会出现萎蕾，要增加喷水次数，每天早晚各1次，并保持空气新鲜。但要防止喷水过量，水分偏高易引起烂蕾。湿度偏高时可采取揭膜通风，排除过高的湿度后再覆盖薄膜保湿。

（2）抽柄撒裙期管理。出菇阶段主要做好场地的保温、防涝工作。竹荪在生长过程中时水分与温度的要求十分严格。竹荪菌蕾膨大逐渐出现顶端凸起，称为桃形期（图4-45），继而在短时间内破口（图4-46），尽快抽柄撒裙（图4-47）。通常菌蕾从早上6时开始破口，并迅速抽柄撒裙，中午12时前应采收结束。此阶段水分要求较高，每天早晚各喷水1次，增加喷水量，要求空气相对湿

度不低于95%。此阶段若水分不足，会导致抽柄缓慢，时间拖延，且菌裙悬于柄边，久久难垂，甚至黏连；此时应采取喷重水1次，罩紧薄膜，经1小时后即可撒裙。具体要求四看：一看盖面物，若物料变干，就要喷水；二看覆土，覆土发白，要多喷、勤喷；三看菌蕾，菌蕾小要轻喷、雾喷，菌蕾大要多喷、重喷；四看天气，晴天蒸发量大要多喷，阴雨天不喷。这样才能育好蕾，长好菇。出菇期要保持培养料含水量适宜，检测时用手捏料能成团，而无水挤出即可；土壤湿度一般控制在手捏土粒能扁、黏为适。喷水不能过急，防止冲刷导致菌丝萎缩。

图4-44　球形期的竹荪

图4-45　桃形期的竹荪

图4-46　破口期的竹荪

图4-47　撒裙期的竹荪

　　9.竹荪的采收、烘干、贮藏　竹荪的商品部分一般指菌裙和菌柄。菌裙、菌柄的完整性和颜色的洁白程度直接影响竹荪的产品质量。这就要求在采收和烘干过程中要特别注意。

　　（1）采收。菌蕾破壳开伞至成熟要2.5～5.0小时。竹荪一般在清晨6—7时破口，上午8—10时撒完裙并停止生长，11时以后品质开始下降，中午以后菌裙开始萎蔫，菌盖中墨绿色的孢子液会自溶滴落到菌裙和菌柄上，影响竹荪的品质颜色，所以应及早采摘。在实际生产中，由于采摘人员不可能过多，许多种植户从清晨6—7时就开始采摘，即在外菌膜开裂（图4-48、图4-49），露白色内菌膜时开始采摘（图4-50），有经验的菇农通过手摸菌蕾表皮采收菌蕾，然后剥去外皮后让菌蕾自动撒裙开伞（图4-51）。如果从早上8时开始采摘，很难在2小时内采摘完，特别是第一潮菇的出菇数量多而且集中，等撒完裙再采摘，孢子液容易污染菌裙和菌柄，造成部分竹荪萎蔫。

视频13
竹荪采摘

采收时用锋利的小刀从菌托底部切断菌索，切忌用手扯断。大量出菇采收时，用手捏着菌柄根部，沿着畦表采下。整个采摘过程要轻拿轻放，以免擦

图4-48　外菌膜刚开裂的竹荪

图4-49　剥净菌盖和菌托的竹荪

图4-50　菇农采收竹荪

图4-51　筐内自动撒裙的竹荪

伤。采收中要保持菇体的干净和完整，放入竹筐内决不要用手扯，不要弄破菌裙。若裙柄已有少量污染，则应及时用清水或干净湿纱布去污。采摘后的竹荪应立即剥离菌盖和菌托，放入竹筐或周转筐，及时运到烘干场所。

（2）烘干。运回的竹荪应及时摊开晾放，一朵挨一朵整齐地平摆摊晾在竹筛上（图4-52）。竹荪基部要对齐，每个竹筛摊2～3层竹荪。摊晾时一定要保持菇形完整，否则会影响外观和商品价值。采用二次烘烤法，即把整齐摊晾在竹筛上的竹荪放入烘干灶内（图4-53），打开炉顶天窗，用大火在30分钟内升温到65～70℃，而

图4-52　摊晾整齐的竹荪

后烘干温度保持在60～65℃，2小时后竹荪已有七八成干。等适当降温后取出竹筛，用绳子把竹荪扎成捆（图4-54），每捆0.1千克左右，再马上把成捆的竹荪立起继续烘烤、定色。此时烘干温度在45～55℃，保持30分钟即可。烘干时应注意：前期温度不能太低，排湿要快，否则会造成竹荪缩管；定色时，温度不可太高，否则菌裙容易变黄，影响品质。竹荪商品要求完整、洁白、干燥。

图4-53　烘干灶内的竹荪

图4-54　扎成捆的竹荪

(3) 贮藏。脱水烘干后的竹荪应及时分级整理，装入薄膜袋内，扎紧袋口，保存在通风、干燥、低温、黑暗的场所。竹荪品质娇嫩，保管不善和贮存过久都会导致吸湿变软，色泽加深变黄，香气消失，风味大减，甚至生虫变质，所以应经常检查，若发现回潮变软应及时用文火烘干。有条件的，放入冷藏库进行较长时间贮藏。

10.竹荪的病虫害防治　竹荪制种和栽培所需要的环境条件非常容易引发各种病虫害，加上竹荪生长周期长，多数情况下又不太适宜用药剂防治。因此，在竹荪栽培过程中，应贯彻预防为主、综合防治的方针，控制病虫害的发生与发展，将损失降至最低。主要措施有以下几种。

(1) 杜绝病虫来源。

①培养料要防污染。培养材料要求新鲜、干燥及无霉变，最好事先进行日光暴晒或药物蒸煮灭菌后使用，做到不带入病菌、虫卵。用0.1%～0.2%的75%甲基硫菌灵拌料预防木霉、轮枝霉、链孢霉、青霉等。

②农田消毒杀虫。在铺料前，每亩农田均匀撒石灰粉50千克进行消毒杀虫。

(2) 病虫害防治。竹荪栽培过程中，易因堆料消毒不彻底、堆料透气性差、水分管理不科学等导致病虫害发生。引起竹荪发病的主要有青霉、绿霉、毛霉、曲霉、鬼伞菌等；虫害主要有白蚁、蛞蝓、跳虫、蛾类、红蜘蛛、蚂蚁等。

在发病初期，立即清除病菇。发现青霉、绿霉、毛霉、曲霉、根霉杂菌感染，可立即采取生石灰扑灭法，即用生石灰撒放病菌上方土壤，再就地采用地膜覆盖密封处理即可；鬼伞菌是竞争性杂菌，发现后及时摘除即可；发生褐发网菌病应立即停止喷水，加大菇棚光照和通风，同时清理发病处的培养料和壤土，并撒石灰和喷洒300倍波尔多液杀菌剂。

螨虫、跳虫、蛞蝓、白蚁等，可用甲氨基阿维菌素或氟虫腈800倍液进行防治；红蜘蛛在堆料时喷100倍石硫合剂驱赶；蚂

蚁可用全氯五环癸烷毒杀；蛾类如星狄夜蛾，在出菇期人工捕捉防治幼虫，或用4.5%菇净及1%甲氨基阿维菌素1000倍液杀灭幼虫。

六、 秀珍菇

（一）概述

秀珍菇中文正名为肺形侧耳（*Pleurotus pulmonarius*），隶属担子菌门，伞菌纲，伞菌目，侧耳科，侧耳属。其别名众多，有凤尾菇、凤尾侧耳、印度平菇、喜马拉雅平菇、印度鲍鱼菇、环柄侧耳、紫孢侧耳、小平菇、黄白平菇、美味侧耳等。

秀珍菇子实体（图4-55）质地脆嫩细腻、口感爽滑、风味独特，并因富含蛋白质、多种多糖物质、17种以上氨基酸及多种微量元素而深受消费者喜爱。据福建省农业科学院土壤肥料研究所测定，秀珍菇鲜菇含蛋白质3.65%～3.88%、粗脂肪1.13%～1.18%、还原糖0.87%～1.80%、糖分23.94%～34.87%、木质素2.64%、纤维素12.85%、果胶0.14%，还含有矿质元素等。秀珍菇蛋白质含量接近于肉类，比一般蔬菜高3～6倍。

图4-55　秀珍菇子实体

秀珍菇系热带或亚热带较常见的一种野生食用菌。经过广大科研工作者和栽培者的多年摸索，已初步掌握了秀珍菇的生物学特性，建立了一整套秀珍菇栽培生产工艺，并迅速推广，栽培面积得以迅速扩大。以福州地区为例，1998年秋，由罗源县西兰乡政府牵头，引进农企，在松山镇五里社区建立秀珍菇生产基地，栽培30万袋，产品试销日本；2000年春，罗源县西兰乡第一期栽培秀珍菇60万袋，随后全县掀起栽培秀珍菇热潮，此后生产规模逐年扩大；到2005年栽培规模达到1.0亿袋，产量达到2.12万吨，形成产前、产中、产后专业化的产业链，产品占据上海秀珍菇80%的市场份额，远销全国各地；2010年，罗源秀珍菇栽培规模达到1.8亿袋，年产量3.78万吨，年产值2.268亿元，全县集中生产年规模100万袋以上的企业有6家，50万袋以上的有43家，30万袋以上的有65家，15万袋以上的有109家，形成一批专业大户和专业村，并建造了438座工厂化食用菌生产的固定厂房，建成全国最大的秀珍菇生产基地。

2010年11月15日，中华人民共和国农业部批准对罗源秀珍菇实施农产品地理标志登记保护。2020年7月20日，罗源秀珍菇入选中欧地理标志首批保护清单。

约从2010年起，福建省漳州、龙岩、古田、闽清陆续引种，开始栽培秀珍菇。自2015年起，随着南菇北移西进的潮流，秀珍菇的栽培技术逐渐向全国各地推广。根据中国食用菌协会统计，2022年我国秀珍菇年产量高达63.67万吨，位列所有食用菌栽培品种第九。

（二）生物学特性

1. 形态特征　秀珍菇子实体多为单生、散生，丛生较少；菌盖初期为圆形或椭圆形，伸展后呈心形、扇形或肾形，少量呈漏斗形（图4-56）；菌盖直径可达3～12厘米，商品要求为3～6厘米；盖浅灰白色至灰黑色，或有淡黄色品种。菌盖色泽受菌株特性和温度控制；气温较高时，子实体生长较快，菌盖色泽

较浅，为灰白色或浅灰色；气温较低时，子实体生长较缓慢，菌盖色泽较深，多为鼠灰色或灰黑色。菌柄多为侧生，少数近中生，菌柄细长，长3～6厘米、粗0.5～1.5厘米，肉质脆嫩。菌肉和菌褶白色，菌褶延生，不等长，孢子印白色，菌丝具有锁状联合。

图4-56　秀珍菇子实体形态

2.营养条件

（1）碳源。秀珍菇是一种典型的木腐生食用菌。所需的碳源主要是纤维素、木质素、淀粉、有机酸等，对木质素、纤维素、半纤维素具有较强的分解能力，其中以可溶性淀粉利用为最好。目前秀珍菇的主要栽培原料为阔叶杂木屑和棉籽壳，有资料显示秀珍菇也可以利用松木屑、桑木屑、芦苇末、象草、稻草、金针菇废料、玉米芯、玉米秸秆、甘蔗渣、蚕沙等农副产品下脚料、废料等。但不同原料配方的生物学效率和投入产出比有较大的差异，因此发展秀珍菇栽培之前应根据当地的原辅材料的供应及价格情况，因地制宜开展栽培配方的研究，筛选出投入产出比最优的营养配方。

（2）氮源。秀珍菇可利用多种氮源，在生产中主要使用麸皮、玉米粉、黄豆粉、米糠、饼粉、豆粕等。目前秀珍菇栽培配方的碳氮比应控制在（20～30）：1为好。但是，自2020年起，国内秀珍菇逐渐向工厂化暴发式单潮出菇模式转型，新工艺模式的配方要求培养基内有足够的氮源来支撑每袋单潮250克以上优质菇成品的成长，因此与传统培养基配方产生了较大的区别，特别是增加了富含油脂的高氮类饼肥，如豆粕等。

（3）其他添加辅料。为了控制营养配方的酸碱平衡和营养物质丰富全面，通常还必须添加红糖、轻质碳酸钙、石膏、石灰等复合肥或尿素，尿素添加量不宜超过0.5%，且不能同时添加石灰。

3.环境要素

（1）温度。秀珍菇属于中高温、变温结实型真菌。秀珍菇菌丝体生长温度为5～33℃，适温20～28℃，最适温度为25℃；子实体生长温度12～30℃，适宜温度为15～25℃，低于15℃或高于30℃时子实体容易畸形、死亡；原基的分化需要10℃以上温差的低温刺激。

（2）含水量与空气湿度。秀珍菇的栽培基质含水量以62%～65%为好。太低则子实体质量差、产量低；太高则菌丝生长缓慢，菌包容易感染杂菌。原基分化的适宜空气相对湿度为85%～95%，子实体生长的适宜空气相对湿度为80%～90%。

（3）酸碱度。秀珍菇对培养基的酸碱度适应能力较强，菌丝在pH 5.8～6.5生长最好，通常在配方中添加1%生石灰，pH自然。黄良水（2004）认为配方中石灰用量提高到3%～4%可以有效防止杂菌感染。

（4）二氧化碳浓度。秀珍菇属好氧真菌。菌丝对二氧化碳有一定的耐受性，通常为0.3%以下，一定浓度的二氧化碳能够抑制菌盖的迅速伸展，促使菌柄延长生长；但浓度超过1%时将会抑制菌丝和子实体的生长。如何利用二氧化碳浓度调控秀珍菇高品质性状和产量是秀珍菇栽培管理的核心技术。

（5）光线。秀珍菇的菌丝体生长期不需要光线，但原基的分化生长需要一定的散射光，光照强度为200～1 000勒克斯，常以能稍微看清报纸正常字体为准。子实体生长期可适当减弱光线，以使菌盖色泽加深，提高子实体商品品相。

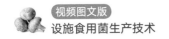

（三）设施栽培技术

秀珍菇栽培，各地应根据当地的具体自然气候安排生产。在福建，秀珍菇菌包生产基本安排在春季3月下旬至4月下旬，此时气温较低，菌包走满袋需50～60天，后熟时间25～30天，一般6月上旬至下旬开袋出菇，出菇时间80～90天；秋季菌包生产安排在9月上旬至10月上旬，这时气温较适宜，菌包走满袋30～35天，后熟时间大约20天，一般10月下旬至11月下旬开袋出菇，到翌年2月左右结束。

1.栽培设施建设

（1）场地选择。要求地面平整，位势较高，水源充足无污染，排水良好，交通便利，周围环境清洁。

（2）菇房搭建。以福建罗源县为例，通常采用竹木结构大棚，东西走向，宽12米，长宽因地制宜搭建。大棚东西走向，地面用三合土夯实或水泥地，自中线顺南北方向向两边倾斜，坡度1%左右，利于排水；棚内南北和东西走向的中间通道宽1.8米，通道最好是水泥地面；棚顶南北向呈"八"字形，周边高2.5米，近走道处高4米，屋顶中央"八"字形口处开口距离应≥1米，其上距离50厘米搭盖开口直径距离2米的"人"字形顶或弓形顶，棚顶至地面覆盖8丝*的塑料薄膜，上面再覆盖油毛毡或2厘米厚密织草帘，所有透气孔和门窗必须安装25目的塑料防虫网，夏季在棚外围覆盖遮光率90%的遮阳网；在大棚内部通道的两侧，根据每批次出菇菌包量所占栽培架数量，分别搭建边高2.2米、中高2.7米、宽5米的室内拱棚，覆盖薄膜形成各个相对独立的小区，形成大棚塑料薄膜覆盖小棚；栽培架与通道垂直排列，间隔0.8米；底层支撑杆距地20～30厘米，向上间隔50～60厘米设固定支撑横杆，否则菌包堆叠太高易倒塌。一般菌包从底部向上堆垛不超过14层。每座菇房容量约3万袋，太小则棚内环境不易控制，太大则管理不便。集约化规模生产的菇房按此规格并排搭建（图4-57、图4-58）。

---

* 丝为非法定计量单位，1丝等于0.01毫米。——编者注

图4-57　秀珍菇立墙式竹木大棚　　图4-58　秀珍菇大棚顶部通风设计

随着建筑材料的不断发展和调整，近几年搭建秀珍菇栽培大棚主要采用钢结构，菇架的支撑杆也主要用槽钢或圆柱形钢管，底层支撑杆距地25～30厘米，自下向上间隔50～60厘米设固定支撑横杆，横杆主要用两条3厘米的方管平行焊接，平行杆间距10厘米左右。如果包与包之间不进行"品"字形堆叠的话，每层之间可用宽2.5厘米、厚度0.3厘米的条钢进行隔层（图4-59、图4-60）。

图4-59　秀珍菇立墙槽钢架　　图4-60　秀珍菇圆管立墙支架

秀珍菇出菇网格架也逐渐成为一种常用的菌墙方式（图4-61）。网格架采用优质低碳钢丝焊接而成，网片结构经常采用四边双丝，为的是与边框有效简便地连接；中间"十"字形双丝结

构，以加强网格的稳固能力。网格表面采用浸塑处理，光滑鲜亮，防腐效果好。网格孔根据菌棒直径大小设计，也可以依客户指定的网格大小来制作。网格架安装简单，采用螺栓固定连接，坚固不变形。采用网格架栽培秀珍菇的优点是有利于通风散热，避免高温天气发生烧袋现象；降低了菌袋间病原菌传播感染；避免了菇包出菇期子实体太密造成通风不畅、二氧化碳浓度过高的危害。

图4-61　秀珍菇出菇网格架

2.低温刺激设施设备建设

（1）冷库建设。当环境气温高于20℃以上，秀珍菇经低温刺激后能够促进出菇整齐，便于管理和生产安排。大约自2010年起，秀珍菇每批次出菇的低温刺激大多采用菌包装筐移入专用的降温冷库堆垛刺激，因此通常在栽培区内搭建配套的高温冷库（最低温度4℃）（图4-62）。冷库的容积必须与每批次所需要低温刺激的菌包数量相配套，例如15万袋规模的菇场，按转潮时间15天计算，每天工作量为1万袋，配套的冷库占地面积约40米^2。

图4-62　秀珍菇栽培配套的菌包刺激冷库

（2）移动制冷机组制备。通常秀珍菇整个生产周期需要7～8次低温刺激，随着劳动力价格不断上涨，如果采用将菌包下架装筐后进入冷库低温刺激再排包上架，整个生产周期结束，每个菌包在低温刺激环节上需要耗费的人工成本超过1.0元。针对此环节，一些企业设计了可以移动的制冷系统，搬运至待低温刺激菌包区进行包膜密闭打冷刺激。采用大棚内低温刺激的电耗略高于专用冷库，但综合生产成本比原有模式显著降低，因此被迅速推广使用，并不断改进提升（图4-63，图4-64）。

图4-63　秀珍菇水冷式移动风机　　图4-64　秀珍菇轮式风冷移动
　　　　　　　　　　　　　　　　　　　　　　　　冷机

3.品种选择　秀珍菇设施化栽培的品种最初主要从我国台湾地区引进，俗称台秀。早年通过民间渠道引种到大陆栽培，现在使用的品种大多为台秀系列品种，经国内科研院所保藏复壮后流入市场。近几年随着秀珍菇工厂化单潮暴发出菇模式迅猛发展，原本漳州民间保藏的金秀品种被大量推广使用。金秀与台秀的亲缘相似性很高，但二者存在拮抗，且在生物学性状和栽培特性上存在较明显的差异。在生物学性状上，台秀品种具有菌盖平整、朵形好看，菌柄直、粗细均匀，综合品相好等优点；在栽培特性上，台秀品种具有不耐低温，集中暴发度不强，菌盖边缘偏薄、易开裂等缺点。相反，金秀品种具有耐低温、适温性广的特点。二者可配套进行夏秋季互补栽培。

现在国内经国审或省级审（认）定的秀珍菇品种有上海市农业科学院食用菌研究所选育的秀珍菇5号，浙江省农业科学院园艺研究所选育的农秀1号，鲁东大学选育的秀珍菇LD-1，福建省农业科学院食用菌研究所选育的秀迪1号，杭州市农业科学院选育的杭秀1号和杭秀2号等。

试管母种要求菌丝粗壮、脉络分明、洁白、无污染。原种培养基质以杂木屑、棉籽壳为主。栽培种最好是麦粒菌种，其优点是麦粒营养丰富全面，转接菌包后萌发、定殖快，菌包染菌率低，尤其是在春季制袋生产尤其重要，菌龄以满瓶后5天最好。但是采用打孔接种方式的菌包不应使用麦粒栽培种，而要使用以木屑+棉籽壳为主要基质的栽培种，其目的是降低杂菌侵染，预防鼠害和虫害发生。随着液体菌种工艺的普及，现在已有部分企业开展秀珍菇液体栽培种的生产和应用，但一般要求企业的菌包生产量相对较大，且日均生产量比较稳定、制包周期长，并配套专业的可控温、除湿、调节二氧化碳浓度的菌包培养车间。

4.菌包制作与培养

（1）栽培配方。

①配方1。棉籽壳33%，粗木屑20%，细木屑30%，麸皮13%，石灰1.5%，轻质碳酸钙1.5%，红糖1%。

②配方2。棉籽壳25%，粗木屑25%，细木屑25%，麸皮16%，豆粕5%，石灰1.5%，轻质碳酸钙1.5%，红糖1%。

（2）原辅材料预处理。秀珍菇菌丝对木质纤维分解利用的能力较弱，所使用的木质原料最好先进行软化分解处理。处理的方法：生产前2～3个月将粗木屑置于水泥场地上浇透水，每间隔7天翻堆浇水，使木质纤维膨胀软化并利用堆内微生物的发酵作用初步分解纤维；棉籽壳和细木屑在生产前3天用1%的石灰水淋透，每隔1天翻堆1次备用。

视频14　　　　　　视频15　　　　　　视频16
秀珍菇混合料　　　秀珍菇制包　　　　秀珍菇接种

（3）菌包培养。通常利用栽培大棚的水泥通道进行发菌培养，培养之前要对大棚内进行空间和地面消毒杀虫，通风换气后在通道上铺撒薄层石灰粉。春季生产的菌包，环境气温较低，为了提高菌包周围小环境的温度，菌包应进行墙式堆叠，叠高8～10层，墙间距10厘米，中间留50厘米的走道，外覆盖塑料薄膜，利于保温，每天中午12时通风透气30分钟，每间隔10天翻包挑菌，拣出被污染的菌包。定时测量堆间气温，温度＞30℃时应加强通风，降温至25℃。秋季生产的菌包，接种后若气温＞30℃，应将菌包且立呈"川"字形排放，每行间距3厘米；也可墙式2～3层堆叠，墙间距10厘米，不再覆盖薄膜，夜间进行通风降温，每间隔5天翻包挑菌；若气温较适宜，可以将菌包直接上架排包发菌（图4-65）。

视频17
秀珍菇菌包
培养

图4-65　接完菌的菌包上架排包发菌

（4）出菇前准备。菌包满袋后，还需经30天左右的后熟培养，气温较低则后熟时间相对延长。当检查发现本批次菌墙中约80%的菌包透气环表面有清亮黄色水珠时便可开始降温刺激。此时应该对菇房进行预处理：敌敌畏药剂熏蒸一整夜后散气，对菇房进行预湿处理，在整个床架、房间（包括大棚）的地面和墙壁均应大量喷水，提升菇房空气相对湿度。

（5）低温刺激、开袋。用塑料薄膜将需要进行低温刺激的菌

包菌墙进行密闭包裹。通常按实际每天计划生产量计算好菌墙数，并事先进行分隔。在包裹好的棚内移入两架移动式风冷机组，置于中间走道靠近两端的走道长度1/4分割点处。然后开机进行打冷降温，在菇房内随机选上、中、下三点的菌包，分别将温度探头埋入菌包中心，计算平均料温。当打冷后的三点平均料温比原数值降低15℃时，则可以停机。也可将棚内气温降至4℃时，维持2小时后停机。如果恰逢夜间，则密闭维持到天亮开工。

视频18
秀珍菇低温刺
激出菇

在最初菌包排包上架时，上下层菌包套环开口应呈反向，避免因出菇太过密集、通风不畅影响子实体形状。菌包开袋前，将菇房两侧薄膜掀起进行大通风，并用锋利刀片将菌包接种处的塑料袋以略长于菌包2厘米的规格环割剔除。

（6）原基分化管理。所有菌包开袋完毕，用薄膜覆盖栽培区域，密闭2～3天，控制空气相对湿度85%～95%，温度25～27℃，每天视外界温度将垂地的薄膜掀高30厘米通风透气30分钟，使区域内二氧化碳浓度上升到0.6%左右，诱导原基分化形成。待秀珍菇原基长至2厘米左右，薄膜掀高1米适当通风，注意避免让风直吹菇面，控制温度平稳，空气相对湿度80%～90%。此时的子实体菌柄生长迅速，1天内可长至6～7厘米，此时将薄膜掀高至菌墙顶，加大换气量，促进菌盖的生长。

（7）采收和转潮管理。当菌盖直径达2厘米，即菌盖渐平展时，可用细雾点喷雾器勤加喷雾，雾点可直接喷在菇体上，要细喷和勤喷，尤其在晴天干燥的天气。待秀珍菇菌盖直径生长至4厘米左右、菌柄长度5～6厘米时就应及时用剪刀自原基基部剪采，注意轻拿轻放，以免造成机械损伤（图4-66）。集中后进冷库分级、打冷、定量真空包装。每潮采摘时间2天左右。采摘完毕后，用不割手、稍锋利的钢制调羹柄将菇面的死菇和菌根剔除，降低空气相对湿度在70%～80%即可，架上养菌7～8天后，连续3天向菌包表面喷重水，每天3～4次，喷完必须进行大通风。3天后依照第一潮出菇方式继续低温刺激出菇。

春季生产的菌包，开袋出菇时温度逐渐升高，此时应注意保护好出菇面的菌皮，菌皮被剔除后容易感染绿霉或黄曲霉；秋季生产的菌包，开袋出菇时温度较低，出第一潮菇后应将菌皮削薄，否则菌皮易干硬，阻碍下潮原基的分化。切忌在第三潮后进行注射补水，极易导致严重的绿霉感染。

图4-66　秀珍菇设施化菇场出菇采收

5.常见病虫害及预防控制

（1）病害。导致秀珍菇大量减产的病害主要是绿霉（图4-67），应控制好环境卫生，并对原材料进行软化处理。出菇期温度较高时，保护菌皮是防治绿霉的最有效方法。高温高湿环境易发生黄菇病（图4-68），子实体发黄萎缩至死亡，显著减产。防治措施主要有控制好温湿度、避免高温高湿、转潮期用1%石灰水喷雾消毒、避免菌包下沿袋口积水。

图4-67　秀珍菇菌包感染绿霉

图4-68　秀珍菇黄菇病症状

（2）虫害。在秀珍菇栽培期间易发生菇蚊、菇蝇危害。幼虫吞噬菌丝和子实体，并传播杂菌。因此，所有透气孔和门窗都需安装25目的防虫纱网，定期进行环境清理、杀虫，可有效防止菇蚊、菇蝇的侵入。菇房内发现虫害应及时用杀虫灯诱杀。

七、平菇

（一）概述

平菇中文正名为糙皮侧耳（*Pleurotus ostreatus*），隶属担子菌门，伞菌纲，伞菌目，侧耳科，侧耳属，是一类广泛分布于北半球温带和亚热带的腐生真菌，在亚洲、北美洲、欧洲和非洲等都有报道，我国从西南地区到东北地区都有野生平菇的分布，具有丰富的物种多样性。野生平菇多生长在潮湿的桦树、栎树、榆树、杨树等阔叶树腐木或者半腐木的树桩上。

平菇是我国十分重要的栽培食用菌之一，我国主要的平菇产区有河南、山东、河北、吉林、四川等，根据中国食用菌协会统计数据，2022年全国平菇总产量达到615.67万吨，占食用菌总产量的14.78%，仅次于香菇和黑木耳。除我国之外，平菇种植面积较大的国家有韩国、日本、泰国、美国、意大利等。

平菇子实体大型（图4-69），肉质肥厚，细嫩爽口，风味鲜美。平菇营养丰富，富含蛋白质、氨基酸、维生素、矿物质等，粗蛋白含量可达300毫克/克，具有"素中之荤"的美称。平菇还是一种具有药用保健功效的食用菌，在《本草纲目》《中国药用真菌》等书中都记载着平菇具有补脾祛湿、益气降压、降血脂、降低胆固醇和提高免疫力的作用。

20世纪初，德国最早进行了平菇驯化栽培研究。20世纪60年代，我国开始利用木屑、稻草、废棉栽培平菇；1972年尝试利用棉籽壳栽培平菇获得成功后，全国多个省份开始大面积生产。由于平菇栽培原料来源广泛、抗逆性强、生物学效率高、栽培方法简便多样，目前已经成为世界栽培量最大的侧耳属食用菌（图4-70）。平菇在我国有40余年的育种历史，早期主要是野生平菇菌株的驯化筛选，从20世纪90年代开始进行国外引种和杂交选育，但对于我国主栽的平菇品种而言，缺乏详细准确的杂交亲本及育种历史记录。

图4-69　平菇子实体形态　　　图4-70　平菇规模化栽培出菇旺季

（二）生物学特性

1.形态特征　平菇菌丝在PDA培养基上为白色。双核菌丝密集粗壮，呈现绒毛状，气生菌丝发达，锁状联合多而明显；单核菌丝纤细整齐，分枝较少，无锁状联合。不同菌株菌丝生长形态有差异。平菇子实体丛生或叠生，菌柄侧生；菌盖多为扇形，菌盖颜色多样，可为灰黑色、灰白色、棕褐色、白色等；菌褶整齐、延生，一般为白色，也有浅灰色；孢子印白色，担子棍棒形，顶端4个孢子梗，担孢子圆柱形，表面光滑，无色，大小为（8.0～10.0）微米×（2.5～3.5）微米。

2.生活史　平菇为四极性异宗结合类食用菌，担孢子成熟后从菌褶中弹射出来，萌发后形成单核菌丝，不同交配型的单核菌丝经过质配后形成双核菌丝，但两个核在形态上保持独立，双核菌丝通过在细胞隔膜处形成锁状联合的方式不断进行分裂增殖。在适宜的环境条件下，双核菌丝扭结成原基，经历桑葚期、珊瑚期、成型期，发育形成子实体，子实层中顶端细胞产生担子，担子中两个细胞进行核配，遗传物质进行重组和分离，产生4个担孢子，完成整个生活史。

3.生长发育条件

（1）营养。平菇属于典型的木腐菌，分解利用木质纤维素的能力较强，对碳源选择范围较宽，木屑、玉米芯、棉籽壳、麦秆、稻草、棉花秆、甘蔗渣、橡胶树木屑等农林业废弃物以及葡萄糖、蔗糖等简单糖类都可以作为平菇的生长碳源。平菇优先利用豆粕、麦麸、玉米粉、米糠等有机氮源，也可以利用磷酸二铵等无机氮源，但是无法利用硝态氮。培养料碳氮比为20∶1左右时，平菇生物学效率最高。

（2）温度。温度是平菇生长发育最重要的影响因素之一，平菇孢子萌发、菌丝增殖、子实体形成和发育各阶段对温度的要求都有差异。平菇孢子萌发适宜温度为24～28℃，菌丝体在3～35℃都可以生长，最适温度为28℃。平菇属于变温结实型食用菌，子实体生长发育的适宜温度为10～25℃，中低温型品种在15～20℃生长发育较好；保持昼夜温差在5～10℃更有利于出菇。

（3）湿度。平菇菌丝生长时栽培基质的适宜含水量为65%左右。水分低于50%，菌丝缺少水分刺激，现蕾困难；水分高于75%，菌袋透气性差，菌丝生长受抑制。子实体原基分化期空气相对湿度保持在85%～90%为宜。空气相对湿度过低，原基干枯死亡；空气相对湿度过高，通气不良，子实体发育受到抑制，易发生病害。

（4）光照。平菇菌丝生长阶段不需要光照，黑暗条件下菌丝生长洁白粗壮，不易老化。在原基分化和子实体发育阶段需要一定的散射光，光照度以200～1 000勒克斯为宜。光照不足，子实体菌盖颜色较浅，菌肉薄，品质不良；光照过强，子实体生长受抑制，菌盖表面干枯开裂。

（5）空气。平菇菌丝体生长和子实体发育均需要充足的氧气，特别是子实体发育阶段需氧量较大，通风不良、二氧化碳浓度过高时，原基不易分化，菌柄过长，菌盖发育畸形，因此二氧化碳浓度一般应控制在0.1%以下。

（6）酸碱度。平菇菌丝喜微酸性至中性基质。在生长基质pH为6.5时，菌丝长势最好；当培养基基质pH小于3或高于9时，菌丝生长受到抑制或不能正常生长。由于培养料灭菌和菌丝体增殖后培养料pH会降低，所以在拌料时，要将培养料的pH调整到偏碱性，还能达到抑制杂菌生长的目的。

（三）设施栽培技术

1.栽培环境与设施要求 平菇的栽培场地应符合《绿色食品 产地环境质量》（NY/T 391—2021）的相关要求，选择生态环境良好、向阳、通风、无污染的地区，远离工业区、矿区、养殖场和交通要道。适宜平菇栽培的设施种类较多，日光温室、塑料大棚、林下拱棚、砖混房屋等都可以进行平菇生产（图4-71至图4-73）。

图4-71 平菇日光温室栽培模式

图4-72 平菇工厂化栽培模式

图4-73　平菇林下拱棚栽培模式

2.栽培季节安排　根据环境气候，我国不同地区生产季节的安排差异较大。一般来说，北方地区多进行春季和秋季生产，春季栽培1月制棒，选择中高温型品种栽培；秋季栽培8月制棒，选择中低温型品种栽培。南方地区可以通过品种搭配进行周年生产，每年10月至翌年4月，选择中低温型品种栽培，5—9月选择中高温型品种栽培。

3.栽培菌袋制备　平菇栽培菌袋制备方式多样，可以进行熟料栽培、发酵料栽培、发酵料短时高温灭菌栽培和生料栽培。平菇可利用的原材料种类众多，一般根据当地资源就地取材，选择新鲜无霉变的原材料，多种原材料搭配使用。原材料应符合《食用菌栽培基质质量安全要求》（NY/T 1935—2010）。

（1）熟料栽培。常用的栽培配方如下。

①棉籽壳85%，麦麸10%，过磷酸钙2%，石膏2%，石灰1%。

②杂木屑78%，玉米粉15%，黄豆粉5%，糖1%，石膏0.5%，石灰0.5%。

③玉米芯60%，杂木屑20%，麦麸18%，碳酸钙1.5%，石灰0.5%。

④大豆秸66％，棉籽壳18％，麦麸10％，豆粕3％，石膏1％，石灰2％。

杂木屑、玉米芯等大颗粒原材料提前1天浸泡，第二天按配方将所有原材料充分搅拌均匀，按照料水比1：（1.0～1.3）的比例加入自来水，调节培养料含水量至65％左右。混合均匀的培养料应及时分装，可以选用多种规格的聚乙烯或聚丙烯塑料袋，手工或者用装袋机分装封口。装袋完成后及时灭菌，以防袋内杂菌滋生，培养料酸败变质。

灭菌处理方式如下。

①常压蒸汽灭菌。温度达到100℃后，维持12～14小时。

②高压蒸汽灭菌。温度达到121℃后，维持2～3小时。

灭菌时要把栽培袋整齐码放送进灭菌仓，袋与袋之间留有少许空隙。灭菌时长根据菌袋的数量适当调整，灭菌结束后，自然冷却降温，不可强制排气降温，待温度降至40℃以下时，将栽培袋移入消毒过的冷却室内冷却。

(2) 发酵料栽培。常用的栽培配方如下。

①棉籽壳93.5％，尿素0.5％，磷酸复合肥3％，石灰3％。

②玉米芯59％，木屑23％，麦麸13％，豆粕2％，磷酸复合肥1％，石灰2％。

③玉米芯85％，麦麸10％，豆粕2％，磷酸复合肥1％，石灰2％。

杂木屑、玉米芯等大颗粒原材料提前1天浸泡，第二天按配方将所有原材料充分搅拌均匀，按照料水比1：（1.0～1.3）的比例加入自来水，调节培养料含水量至65％～70％。选择洁净平坦、避风阴凉的水泥地面进行培养料建堆。料堆高度1米左右，长宽不限，料堆平整后用木棒每隔30厘米打孔，孔直径8～10厘米。料温达到60℃维持24小时，然后翻堆，并重新建堆。料温重新升到60℃以上维持24小时，再次翻堆，如此重复3～4次，发酵总周期为7～15天。培养料发酵结束后，散堆降温，排出多余氨气，分装入聚乙烯袋。

(3) 发酵料短时高温灭菌栽培。常用的栽培配方如下。

①棉籽壳80%，麦麸16%，玉米粉3%，石灰1%。

②玉米芯50%，棉籽壳30%，麦麸15%，玉米粉3%，石膏1%，石灰1%。

③杂木屑50%，棉籽壳30%，麦麸15%，玉米粉3%，石膏1%，石灰1%。

首先按照发酵料建堆形式堆料发酵，翻堆2～3次后，将发酵好的培养料装入聚乙烯塑料袋。栽培袋置于灭菌设备中，温度达到90～100℃后，维持1～4小时，自然降温。

（4）生料栽培。常用的栽培配方如下。

①玉米芯87%，麦麸10%，石膏1%，石灰2%。

②棉籽壳94%，磷酸复合肥1.5%，石灰3%，石膏1.5%。

生料栽培中培养料未经高温消毒过程，而是通过在低温条件下加大菌种用量来控制杂菌污染。平菇生料栽培多选择在10月下旬至翌年3月进行，这个时期可保证培养温度在18℃以下，使杂菌孢子不易萌发，而平菇能正常生长发育。培养料混合均匀，调节含水量至60%～65%，分装入菌袋后直接进行接种操作。

4. 接种和发菌管理

（1）菌种选择。平菇菌种质量应符合《平菇菌种》（GB 19172—2003）要求。平菇栽培菌种可以选择棉籽壳种和枝条种。菌种要求菌丝体洁白粗壮、无杂菌和虫害、无吐黄水和老化出菇、菌种袋整体表面无破损。

（2）接种环境消毒。接种场所（接种室、接种箱、接种帐等）利用气雾消毒盒进行密闭熏蒸12小时以上，用量2～3克/米³；用75%酒精或者0.25%新洁尔灭溶液擦拭菌种袋（瓶）、接种器具和接种人员双手。

（3）接种。熟料栽培和发酵料短时高温灭菌栽培宜使用枝条菌种，发菌速度快，菌种用量少。接种时用镊子夹取1～2根长满菌丝的枝条，插入栽培菌袋中部即可，用塑料薄膜或者报纸封口。发酵料栽培和生料栽培宜使用棉籽壳菌种，用层播形式接种。使用棉籽壳菌种时，首先去掉袋口表层菌种，选择下层菌种掰成栗子大小菌种块，栽培袋底部先撒入一些菌种，装入培养料压实，再撒入一层菌种，再装入培养料压实，最后在培养料表面再撒上一层菌种，达到三层菌种+两层培养料的效果，用塑料薄膜或者报纸封口。

（4）发菌培养。接种完毕后将培养袋一层层码垛排列整齐进行发菌培养（图4-74）。当环境气温低于10℃时，可码放5～8层；当温度高于15℃时，码放3～4层以防高温烧菌。培养室空气相对湿度不高于70%，尽量保持避光发菌，定期通风换气。定期检查发菌情况，发现感染杂菌的培养袋应立即进行无害化处理。

图4-74　平菇培养袋发菌培养

5.出菇管理　一般经过20～40天的培养后，平菇菌丝长满整个栽培袋，可以进行催菇处理。白天关闭菇棚棚膜并盖上保温被，维持平菇出菇适宜温度，晚上打开通风口降低棚内温度，人为制造10℃左右的昼夜温差，并增加空气相对湿度和通风换气。给予散射光照，刺激原基分化和菇蕾形成（图4-75）。

当菇蕾形成后，维持棚内温度在15～25℃，空气相对湿度在85%～95%，增加通风，使二氧化碳浓度在0.1%以下，充足的氧气能够防止菌盖、菌柄分化异常。尽量利用雾化喷头进行补水，

或者主要在地面上浇水，不要向子实体直接喷水，防止菇蕾腐烂死亡和菌盖积水染病。

图4-75　平菇层架式出菇

6.采收与转潮管理　适时采收在平菇栽培中十分重要。采收过晚，菌盖上翻，边缘变薄，喷散出大量白色孢子，影响商品价值。平菇子实体菌盖边缘稍微内卷或开始平展，孢子尚未弹射时，是平菇采收的最佳时机，此时不但产量最高，菌盖边缘韧性最佳，便于包装运输。采收时，一只手按住培养袋口料面，一只手托住平菇子实体，从菌柄处轻轻扭动即可摘下整个子实体。及时清理料面残余的菇柄、死菇和培养料残渣，维持出菇环境洁净。

第一潮采收结束后，停止喷水5～7天，使料面菌丝恢复生长。待原基再次分化，继续进行出菇管理，一般可采收3～5潮菇。全部生产结束后，及时清理棚内栽培袋并进行无害化处理，对出菇棚进行彻底消毒，通风干燥以备下次使用。

7.易发病虫害及防控技术

(1) 竞争性杂菌及防治技术。

①竞争性杂菌种类。平菇生产中危害最为严重的病害为霉菌的竞争性侵染，主要竞争性杂菌种类有木霉、链孢霉等。这些竞争性杂菌生长的适宜温湿度和营养条件与食用菌极为相似，在食用菌生产的各个阶段都有可能发生，并与食用菌菌丝竞争培养料营养和生存空间。

A.木霉。木霉（*Trichoderma* spp.）是平菇生产中发生率最高、造成经济损失最严重的杂菌之一，病原菌主要为绿色木霉（*T. viride*）、哈茨木霉（*T. harzianum*）、康宁木霉（*T. koningii*）、侧耳木霉（*T. pleuroticola*）等。木霉可以侵染平菇的菌种、栽培袋和子实体。木霉菌丝生长迅速，能很快扩展蔓延至整个栽培菌袋，并产生大量的绿色粉状分生孢子，使栽培袋表面布满绿色霉层，最终导致栽培袋变软腐烂。

B.链孢霉。链孢霉污染又称为红色面包霉污染、脉孢霉污染或串珠霉病，是平菇培养袋发菌时期常常大规模暴发的一种杂菌污染（图4-76），病原菌主要为好食脉孢霉（*Neurospora sitophila*），无性阶段为好食链孢霉（*Monilia sitophila*），引起污染的主要为无性阶段。链孢霉可产生大量粉红色或橘红色分生孢子，呈团状覆盖在培养袋口，而在培养袋内部表面形成浅黄色厚实菌丝层。链孢霉生长周期短、产孢量大、传播速度极快，会在短时间内引发大面积感染，造成平菇生产严重损失。

图4-76 平菇栽培袋感染链孢霉

②防治技术。竞争性杂菌在食用菌生产环境中无处不在，存在于土壤、空气、原材料等各种介质中，通过气流、昆虫活动、栽培管理操作进行传播。因此需要在各个生产环节上严格控制环境卫生程度，降低环境中病原丰度。生产环境要根据平菇生长发

育期创造最适条件，高温天气加强通风换气，以免高温造成平菇菌丝损伤，减弱其对病原菌抗性。当发生杂菌污染时，可用50%咪鲜胺和咪鲜胺锰盐可湿性粉剂1 000倍液喷洒杂菌污染的培养袋来防治。

（2）侵染性病害及防治技术。

①侵染性病害种类。平菇生产上常发生的侵染性病害主要有由细菌引起的黄斑病和由真菌引起的胡桃肉状病。

A.黄斑病。黄斑病是平菇子实体阶段最常见的病害之一，病原菌主要有托拉斯假单胞杆菌（*Pseudomonas tolaasii*）、应变假单胞杆菌（*P. reactans*）、荧光假单胞杆菌（*P. fluorescens*）、鞘氨醇杆菌（*Sphingobacterium* sp.）、栖霉菌（*Mycetocola* sp.）等多种细菌。平菇黄斑病症状多样，可分为黄褐色斑点型、黄褐色凹陷病斑型、黄化龟裂型、成片黄化型、黑褐色斑点型和菌盖湿腐型等6种类型。深色平菇更易发生黄斑病，发病后子实体失去商品性（图4-77）。

图4-77　平菇子实体黄斑病

B.胡桃肉状病。胡桃肉状病主要在高温季节发生，病原菌为胡桃肉状菌（*Diehiomyces microsporus*）。病原菌多长在平菇培养袋袋口，形成白色团状的胡桃肉状颗粒，散发出漂白粉味道。病原菌主要存在于土壤和灭菌不彻底的培养料中，侵染培养袋后导致平菇子实体不能形成。

②防治技术。平菇黄斑病主要由喷水过多、环境湿度偏高、空气流通不畅引起，培养袋袋口处和菌盖表面积水、幼菇表面有水膜时，易引发黄斑病。因此，除培养料彻底灭菌外，出菇房补水应采用雾化喷头，加强通风换气，避免子实体表面形成水膜。黄斑病发生后，及时摘除患病子实体，将食醋与水按照1：（7～10）稀释后喷洒培养袋表面。

为预防胡桃肉状病发生，应在菇房地面撒生石灰消除病原菌，增强菇房通风，避免出现高温高湿环境。胡桃肉状病发生后，及时清除病原物，并在袋口附近喷施三氯异氰尿酸粉剂 1 000 倍液。

（3）常见虫害及防治技术。

①虫害种类。平菇生产中常发生的虫害主要为菇蚊和菇蝇等双翅目害虫，也会受到蛞蝓等软体动物和老鼠的危害，严重时可造成15%～20%的产量损失。

A.双翅目害虫。双翅目害虫包括菌蚊、眼蕈蚊等菇蚊类和蚤蝇、果蝇等菇蝇类，主要以幼虫危害平菇的菌丝体和子实体。幼虫取食培养料内的平菇菌丝，也可以直接取食子实体菌柄和菌褶部位的菌肉，导致子实体枯萎、腐烂和死亡。

B.蛞蝓和鼠害。蛞蝓又名鼻涕虫、软蛭，主要取食平菇子实体，造成平菇子实体缺刻或者空洞，并在爬行过的区域留下白色黏液痕迹（图4-78）。蛞蝓可以携带病原菌，传播多种病害，病原菌常从取食伤口处侵入引发感染。平菇菌种和培养袋也可受到鼠害影响，尤其是麦粒菌种，易被老鼠咬破

图4-78　平菇子实体被蛞蝓啃食

或者剥掉封口棉塞。发菌的培养袋被老鼠咬破后易感染杂菌，造成培养袋报废。

②防治技术。保持出菇环境卫生，防止湿度过大，菇蕾和菇体死亡腐烂易引发虫害。预防双翅目害虫可使用"两网一板一灯一缓冲"虫害绿色防控体系：利用遮阳网降低菇棚温度，采用60目防虫网覆盖整个大棚，防止菇蚊、菇蝇的成虫飞入，黄板白天诱杀成虫，杀虫灯晚上诱杀成虫，缓冲间用双层遮阳网覆盖，使菇棚门口保持黑暗，可有效预防害虫飞入。当菇棚内出现幼虫和成虫时，可在出菇间潮期选用10 000国际毒力单位/毫克的 Bti［苏

云金杆菌以色列变种（*Bacillus thuringiensis* var. *israelensis*），Bti]可湿性粉剂和甲氨基阿维菌素1 000倍液喷洒整个菇棚，进行杀虫处理。

八、杏鲍菇

（一）概述

杏鲍菇中文正名为刺芹侧耳（*Pleurotus eryngii*），又名杏仁鲍鱼菇、刺芹平菇、干贝菇，隶属担子菌门、伞菌纲、伞菌目、侧耳科、侧耳属，是一种主要分布于欧洲南部、非洲北部以及亚洲西南部等亚热带区域的大型肉质木腐型真菌。我国野生杏鲍菇主要分布于新疆、四川等地。野生杏鲍菇多弱寄生于野生刺芹等伞形科植物的根部。

杏鲍菇子实体大型（图4-79），肉质肥厚、口感脆嫩，具有杏仁的香味和鲍鱼的口感，深受消费者喜爱。杏鲍菇富含蛋白质、多糖、维生素和膳食纤维等人体所需物质，子实体干品蛋白质含量高达35%，氨基酸总量为195.5毫克/克，多糖含量达38.10%，膳食纤维含量5%以上，钙、镁、铜、铁、硒等矿质元素含量约为2.5毫克/克。杏鲍菇除了鲜食外，在饮料、发酵食品、罐头制品和干制品等方面应用十分广泛。

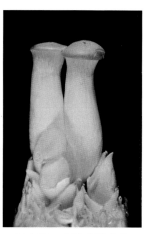

图4-79 杏鲍菇子实体

杏鲍菇是一种驯化栽培历史较短的食用菌，最早起源于20世纪50年代的法国、意大利等欧洲国家，1977年Ferri首次尝试杏鲍菇商业化栽培并获得成功。20世纪90年代我国台湾地区发明了杏鲍菇工厂化栽培模式。1993年福建省三明真菌研究所从台湾地区引进了杏鲍菇菌种并进行相关栽培技术的研究。2000年前后我国开始了杏鲍菇规模化农艺式栽培。2010

年我国杏鲍菇产量为42万吨，其中农艺式栽培的产量占67%左右。随着工厂化栽培技术的日益成熟，工厂化袋（瓶）栽已成为目前我国杏鲍菇生产最主要模式。

目前杏鲍菇在我国已经实现大规模的工厂化栽培，我国主要的杏鲍菇产区有江苏、福建、河北、河南等。根据中国食用菌协会统计数据，2022年全国杏鲍菇总产量达到151.55万吨，是我国产量第七的大宗食用菌，在工厂化品种里仅次于金针菇。目前杏鲍菇已经成为东亚、北美和欧洲地区广泛种植的食用菌品种之一，日本、韩国、美国、德国等国家也均已实现杏鲍菇工厂化生产。

（二）生物学特性

1.形态特征　杏鲍菇菌丝体分为初生菌丝和次生菌丝。初生菌丝为单核菌丝，由担孢子直接萌发形成，纤细，无锁状联合。次生菌丝由不同交配型的初生菌丝交配形成，在PDA培养基上为白色，浓密粗壮，双核，具有明显的锁状联合，生长速度比平菇菌丝慢。野生杏鲍菇子实体多单生或群生于寄生植物基部，菌盖呈扇形、拱圆形或漏斗形。人工栽培的子实体形状分为以下几种类型：棒状、保龄球状、鼓槌状及短柄状，我国主要生产棒状和保龄球状子实体。菌盖幼时较小，呈现灰褐色和紫褐色，随着生长发育变为米黄色或土黄色，表面有近放射状灰褐色细条纹。菌褶密集较宽，延生。菌柄中生或近中生，上部通常较细，基部有时膨大，实心。孢子印白色，担子棍棒形，担孢子椭圆形或纺锤形，表面光滑，无色，大小为 (9.0 ~ 12.0) 微米 × (5.5 ~ 6.5) 微米。

2.生活史　杏鲍菇为四极性异宗结合类食用菌，生活史与平菇相似，参见本章"七、平菇"生活史相关内容。

3.生长发育条件

（1）营养条件。杏鲍菇为木腐菌，能够分泌多种胞外酶来降解利用基质中的木质纤维素，对栽培原料选择范围较宽。杏鲍菇属于高营养型食用菌，生长发育需要丰富的碳源，阔叶树木屑、玉米芯、棉籽壳、甘蔗渣、甜菜渣等农林业废弃物都可以作为杏鲍菇的生长碳源。杏鲍菇优先利用豆粕、麦麸、玉米粉、米糠等有机氮源，也可以利用磷酸二铵等无机氮源，但利用效果不如有机氮源。添加复合氮源比单一氮源更能促进杏鲍菇菌丝生长，培养料碳氮比为（23～35）：1时，生物学效率最高。

（2）温度。杏鲍菇为中低温型菌类。菌丝体在5～32℃都可以生长，最适温度为28℃。杏鲍菇为恒温结实型菌类，但温差可以刺激原基形成。原基形成适宜温度为12～15℃，子实体生长发育适宜温度为12～18℃。杏鲍菇对温度比较敏感，若环境温度高于20℃，多数品种无法形成原基，已生长出的子实体易发生病害或者腐烂死亡。

（3）湿度。杏鲍菇菌丝生长时栽培基质的适宜含水量为60%～65%。原基分化期空气相对湿度保持在90%～95%为宜，空气相对湿度过低原基干枯死亡。子实体生长阶段空气相对湿度保持在85%～90%。

（4）光照。杏鲍菇菌丝培养阶段不需要光照，光照对菌丝生长有一定的抑制作用，黑暗条件下菌丝生长洁白粗壮，不易老化。在原基分化和子实体发育阶段需要一定的散射光，光照度以500～1 000勒克斯为宜。光照不足时，原基不分化或者分化畸形，子实体菌盖颜色变浅，菌柄过长。

（5）空气。杏鲍菇菌丝体生长对二氧化碳浓度要求不高，在较高二氧化碳浓度下亦能正常生长。原基形成时期需要充足的氧气，二氧化碳浓度应控制在0.5%以下；子实体生长阶段需要把二氧化碳浓度提升至1%左右来刺激菌柄伸长。

（6）酸碱度。杏鲍菇菌丝体酸碱度适应较广，pH为4～8菌丝均可生长，最适范围为6.5～7.5。子实体生长最适pH范围为5.5～6.5。由于培养料灭菌后培养料pH会降低，所以在拌料时，要通过添加石灰将培养料的pH调整到偏碱性为宜。

（三）设施栽培技术

1.栽培环境与设施要求　杏鲍菇的栽培场地应符合《绿色食

品 产地环境质量》（NY/T 391—2021）的相关要求，选择生态环境良好、向阳、通风、无污染的地区，远离工业区、矿区、养殖场和交通要道，要有符合生活用水质量要求的水源。北方杏鲍菇生产多为季节性生产，多采用日光温室栽培，也可选择在林下拱棚、砖混房屋等栽培。南方可采用各种材料搭建简易大棚。

2.栽培季节安排　工厂化杏鲍菇生产可周年进行（图4-80），本书不作重点介绍。农业式栽培的杏鲍菇生产时间根据栽培地域的气候条件存在差异。出菇期如遇上高温或长期处于低温，都不利于出菇。杏鲍菇菌丝生长适宜温度为28℃左右，出菇适宜温度为12～18℃，一般以秋冬和冬春栽培为宜。南方地区生产可安排在10月至翌年4月出菇；北方地区可在每年春末夏初和秋末冬初进行两个周期的生产。以出菇期提前90天制作栽培种、提前50～60天制作栽培菌袋为宜。

图4-80　杏鲍菇工厂化生产

3.栽培菌袋制备　杏鲍菇可利用的原材料种类众多，选择富含木质素、纤维素和半纤维素的阔叶树木屑、棉籽壳、玉米芯、甘蔗渣、甜菜渣等作为栽培基质主料，麦麸、米糠、豆粕、石灰等作为辅料。原材料应符合《食用菌栽培基质质量安全要求》（NY/T 1935—2010）。要求木屑颗粒的粒径在5毫米以下，玉米芯粉碎成直径为1～2厘米的均匀颗粒。使用木屑、甘蔗渣为原料时，需要在室外堆置2～3个月进行腐熟。常用的栽培配方如下。

①棉籽壳40%，杂木屑10%，玉米芯30%，麦麸18%，石膏1%，石灰1%。

②甘蔗渣30%，杂木屑20%，玉米芯20%，麦麸15%，豆粕8%，玉米粉5%，石膏1%，石灰1%。

③玉米芯50%，棉籽壳30%，麦麸15%，玉米粉3%，石膏1%，石灰1%。

④桑枝木屑34%，玉米芯30%，甜菜渣15%，麦麸10%，玉米粉5%，豆粕5%，石膏1%。

⑤杂木屑56%，棉籽壳30%，麦麸12%，蔗糖1%，碳酸钙1%。

杂木屑、玉米芯等大颗粒原材料提前1天浸泡，第二天按配方将所有原材料充分搅拌均匀，按照料水比1∶（1.2～1.3）加入自来水，调节培养料含水量至65%左右。混合均匀的培养料应及时分装，选用（17～18）厘米×（33～35）厘米规格的聚丙烯塑料袋，手工或者用装袋机分装封口，装袋要松紧适度，用手抓起时无明显凹陷，装袋完成后及时灭菌。灭菌处理方式：常压蒸汽灭菌，温度达到100℃后，维持12～14小时；高压蒸汽灭菌，温度达到121℃后，维持2～3小时。

灭菌时要把菌袋整齐码放送进灭菌仓，袋与袋之间留有少许空隙。灭菌时长根据栽培袋的数量适当调整，灭菌结束后，自然冷却降温，不可强制排气降温，待温度降至40℃以下时，将栽培袋移入消毒过的冷却室内冷却。

4.接种和发菌管理

（1）菌种选择。选择菌丝生长速度快、长势强、抗逆性强、产量高、菇形好的杏鲍菇品种。杏鲍菇菌种质量应符合《杏鲍菇和白灵菇菌种》（NY 862—2004）要求。杏鲍菇栽培菌种可以选择棉籽壳菌种、麦粒菌种和枝条菌种。菌种要求菌丝体生长健壮、洁白浓密、色泽一致，无杂菌和虫害，无明显干缩，菌种袋（瓶）

表面无破损。

(2) 接种环境消毒。接种场所（接种室、接种箱、接种帐等）利用气雾消毒盒进行密闭熏蒸12小时以上，每立方米用量2～3克；用75%酒精或者0.25%新洁尔灭溶液擦拭菌种袋（瓶）、接种器具和接种人员双手。

(3) 接种。在无菌环境下进行栽培袋接种操作。棉籽壳菌种和麦粒菌种取几小块迅速塞入冷却好的栽培袋中，用塑料薄膜或者报纸封口。使用枝条菌种接种时，先用镊子夹取1根长满菌丝的枝条，插入栽培菌袋中部，培养料表面最好再覆盖一层棉籽壳菌种，以加速菌丝定殖覆盖料面，防止杂菌感染。

(4) 发菌培养。发菌场所使用前严格消毒，用1%来苏儿喷洒消毒，地面铺撒生石灰。接种完毕后将培养袋一层层码垛或者置于培养架上进行发菌培养（图4-81）。培养温度25℃，空气相对湿度不高于60%，尽量保持避光发菌，定期通风换气。定期检查发菌情况，发现感染杂菌的培养袋应立即进行无害化处理。一般经过30～40天的培养后，杏鲍菇菌丝长满整个栽培袋，可以进行下一步出菇管理。

图4-81　杏鲍菇栽培袋发菌培养

5.出菇管理 杏鲍菇可以采取多种形式出菇，主要有菌墙式出菇、层架出菇、覆土出菇等。

（1）菌墙式出菇。在出菇房地面直接将发满菌的栽培袋整齐地呈墙式码放，每排码5～6层菌袋，菌墙两侧用木桩或铁棍固定，单头开口的栽培袋可以双排堆码出菇（图4-82）。也可以将长满菌丝的栽培袋脱去塑料袋，摆好1层菌袋后覆盖1层1～2厘米厚的土壤，再摆放第二层菌袋，依次排放5～6层后在最上层覆盖5～10厘米厚的土壤。土壤选用无污染的田园土，经阳光暴晒后使用。每行菌墙之间留50厘米左右距离，便于空气流通和出菇管理。

（2）层架出菇。层架栽培杏鲍菇模式适合有一定高度的日光温室和菇房。将栽培袋排放在层架上进行出菇，可提高菇房的利用率。层架每层高度50厘米，栽培袋可水平排放5层或者直立摆放1层，层架上部必须留有通风空间（图4-83）。

（3）覆土出菇。选择泥土疏松、肥力充足的大棚开设1.2～1.5米宽畦床，撒入石灰进行土壤消毒。发满菌的杏鲍菇菌袋首先进行脱袋，取出完整菌棒，整齐地横向平铺放入畦床内，袋间留2～3厘米空隙，最后用细土填满空隙，栽培袋上方覆盖2～3厘米厚的土壤。平整畦床，用清水喷湿土壤，覆盖好薄膜。

图4-82 杏鲍菇地面堆码出菇模式

图4-83 杏鲍菇层架出菇模式

杏鲍菇栽培袋菌丝发满后，继续培养7～10天进行后熟。菌丝成熟后，在适宜的环境条件下即可自然出菇。也可以采取人工催蕾措施，使出菇更加整齐。人工催蕾时，首先将袋口打开，用小刀去除掉培养料表面的老菌种块和老菌皮，继续封好袋口，进行2～3天、10～13℃的低温处理，然后控制菇棚温度保持在12～18℃，空气相对湿度保持在85%～90%，将栽培袋口打开伸直，增加散射光和通风，10～15天后可形成原基并进一步分化成菇蕾。杏鲍菇形成的菇蕾数量较多，一般需要进行疏蕾操作。用小刀将外形不好、发育较慢的菇蕾剔除，留下2～4个菇体较大、发育正常的菇蕾继续生长。菇棚温度保持12～18℃，幼菇期生长较慢，当子实体长到5厘米以上时，可将栽培袋口反卷至靠近培养料表面，让子实体接受散射光照射，促使菇体形成正常的子实体。尽量利用雾化喷头进行补水，主要向地面和四周墙壁上喷水，不要向子实体直接喷水，防止菇蕾腐烂死亡或菇体变黄和染病。菇蕾形成期加大通风换气；菌柄伸长期适当减少通风，提高二氧化碳浓度以促进菌柄生长。杏鲍菇从原基形成到子实体成熟一般需13～15天。

对于覆土栽培的杏鲍菇（图4-84），每天揭膜通风1次，每次1～2小时，适量喷水保持土壤湿润，10～15天后即可出现菇蕾。若地温低于10℃，出菇棚应加盖保温被，夜晚关闭通风口，中午打开保温被和遮阳网，提高环境温度。但环境温度较高时，要采取必要的降温措施，增加遮阳网，加强通风换气，增加喷水。同时要避免子实体受到强光直射，

视频20
杏鲍菇子实体
生长过程环境
控制

强光直射易引起子实体表面失水开裂，生长受到抑制。子实体生长阶段适当加大通风量，出菇棚空气相对湿度不宜过大，防止菇体染病。

6.采收与转潮管理　当杏鲍菇子实体菌盖基本平展、边缘稍有向下内卷、孢子尚未成熟时即可采收。采收时手握菌

图4-84　杏鲍菇覆土出菇模式

133

柄基部，轻轻整朵掰下，用小刀将采下的子实体基部杂质去掉。清理料面残余的菇柄、死菇和培养料残渣，维持出菇环境洁净。新鲜的子实体如需贮藏，应及时置于0～4℃冷库保鲜。

第一潮菇采收结束后，停止喷水7～10天，使料面菌丝恢复生长。此时栽培袋内水分减少，可以通过注水法或浸水法补水，再进行第二潮菇出菇管理。通常第二潮菇朵形较第一潮小，菇柄短，产量低。一般可采收2～3潮菇，总生物学效率可达80%左右。全部生产结束后，及时清理棚内栽培袋并进行无害化处理，对出菇棚进行彻底消毒，通风干燥以备下次使用。

7.易发病虫害及防控技术　由于杏鲍菇为低温生长的菇类，在低温环境下生长出菇不易发生病虫害。但当温度升高时，杏鲍菇生产中常受到木霉、细菌、菇蚊蝇等病虫的侵害，覆土栽培模式中可能还会有跳虫和螨虫危害。

（1）木霉污染。木霉污染经常发生在杏鲍菇菌种和栽培袋的发菌过程中，常见的能够侵染杏鲍菇的木霉主要有哈茨木霉（*Trichoderma harzianum*）、棘孢木霉（*T. asperellum*）、绿色木霉（*T. viride*）等。培养料感染初期表面产生白色棉絮状的菌丝，菌丝层迅速从中心向外扩展，最后产生大量深绿色粉状分生孢子。木霉菌丝还能够分泌毒素抑制杏鲍菇菌丝生长。木霉菌丝繁殖迅速，常在短时间内暴发，造成严重的危害和减产。

①发病规律。木霉菌丝和分生孢子在自然界中广泛分布，菌丝在5～40℃都可以生长，在25～30℃、pH偏酸性条件下生长速度最快。高温高湿环境有利于木霉孢子萌发和菌丝生长，因此当培养室和出菇棚内温度过高、通风不良、空气相对湿度大于95%时，杏鲍菇栽培袋受木霉侵染风险升高。栽培袋灭菌不充分、出菇棚老旧、接种器具和培养环境消毒不彻底等，都是木霉污染暴发的原因。

②防治技术。保持生产场地环境卫生，对培养室和出菇棚定期消毒，做好通风换气，防止高温高湿环境出现。选用质量好的栽培袋，木屑等原材料提前过筛，防止出现刺孔引起的污染。栽

培袋灭菌务必彻底，培养料中拌入生石灰和0.1%多菌灵，调节培养料pH为8～9。当污染发生时，可以选用50%咪鲜胺或咪鲜胺锰盐可湿性粉剂1 000倍液喷洒木霉污染的培养袋。

（2）细菌污染。杏鲍菇子实体常因欧文氏菌（*Erwinia* sp.）、泛菌（*Pantoea* sp.）、芽孢杆菌（*Bacillus* sp.）、假单胞菌（*Pseudomonas* sp.）等病原细菌侵染导致子实体病变，称为杏鲍菇软腐病（图4-85）。发病时，子实体菌盖或者菌柄变为黄褐色，出现水渍化，严重时腐烂，并伴随细菌的恶臭味。

①发病规律。软腐病病原菌广泛存在于水、土壤、空气和有机质中。通常情况下，病原菌易通过不洁净的水源快速传播。当出菇棚温度升至25℃以上，喷水过多，菌盖表面积水且通风不良时，易导致软腐病发生。

图4-85　杏鲍菇子实体软腐病

②防治技术。选用优质、无霉变的原材料，并对培养料进行严格灭菌。栽培袋放入出菇棚前应对出菇棚地面、床架、空气消毒处理。使用清洁的水源，科学调控出菇环境，补水后及时通风，避免子实体表面长时间存有水膜。一旦病害发生，及时清除患病子实体，并在病区撒生石灰消毒，可利用1∶600倍10%次氯酸钙（稀释液含有效氯0.03%～0.05%）或40～50毫克/千克的农用链霉素喷洒菇床和子实体。

（3）常见虫害。杏鲍菇生产中虫害主要为菇蚊和菇蝇等双翅目害虫，覆土栽培的杏鲍菇还会受到螨虫和跳虫的侵害，这些害虫可以取食培养料中有机质、菌丝体和子实体，造成培养基变质、菌丝萎缩、子实体干枯死亡。

①发生规律。菇蚊蝇高发期在每年8—11月和3—6月，初孵化的幼虫多群集于水分较多的腐烂培养料内。螨虫和跳虫也易发

生在有高温条件的出菇后期，一旦发生，一时难以控制并且连续几年都易出现重复侵害。

②防控技术。菇蚊蝇的防控可参考本章"七、平菇"中的生产易发病虫害及防控技术。菇床上出现螨虫危害时，可在间潮期使用甲氨基阿维菌素1 000倍液或者240克/升螺螨酯悬浮剂5 000倍液喷雾。跳虫发生时，可向菇床上喷施菇净2 000倍液进行防治。

九、灰树花

（一）概述

灰树花（*Grifola frondosa*），又名贝叶多孔菌、莲花菌、栗子蘑、云蕈、千佛菌等，日本称为舞茸，美国称为hen of the woods，隶属担子菌门、伞菌纲、多孔菌目、树花科、树花属。灰树花食药兼用，不仅肉质脆嫩、味道鲜美、香气独特，还具有抗肿瘤、抗病毒、抗氧化、调节免疫、调节血糖、改善脂肪代谢等多种保健价值，被视为珍稀食用菌。

野生灰树花在世界范围内分布广泛，国外主要分布在日本、俄罗斯、北美洲和欧洲部分国家，我国黑龙江、河北、云南、四川、浙江、福建、广西、西藏等地均有分布。灰树花人工栽培研究始于日本，1975年日本正式投入商业性生产，其后利用空调设备，实现了工厂化栽培生产。我国于20世纪80年代开始灰树花的驯化栽培，并实现了规模化生产，很长一段时间内，国内主要栽培模式以季节化大棚或小拱棚栽培为主，浙江庆元和河北迁西的栽培工艺最为成熟。我国灰树花人工栽培虽然起步较晚，但发展迅速，特别是近年来随着工厂化栽培的发展，产量逐年上升。根据中国食用菌协会统计，2022年我国灰树花产量约为4.84万吨，主要生产地区为河北、浙江、湖南、北京等地。

（二）生物学特性

1.形态特征　灰树花菌丝呈白色，菌丝细胞壁薄，中空，有分枝和横隔，双核菌丝有锁状联合，部分菌株生长后期菌落背面产生色素。灰树花的菌落形态因菌株不同，在疏密度、气生菌丝发生程度、菌落边缘整齐度等方面有较大差异。野生条件下如遇不良环境，灰树花菌丝会形成不规则形状的菌核，进入休眠。

灰树花子实体肉质，呈珊瑚状分枝，菌盖层叠成丛，形似菊花。菌盖半圆形、扇形或匙形，颜色呈白色、灰色至褐色，有些品种边缘有花纹，菌孔近白色，管口为多角形。孢子圆形至椭圆形，光滑，无色。

2.生活史　灰树花是典型的四级性异宗结合食用菌。可亲和的担孢子萌发形成的单核菌丝经过交配形成异核的双核菌丝，双核菌丝经生长、菌丝扭结形成原基，原基经脑状体期、蜂窝期、珊瑚期分化成子实体，子实体菌孔中形成担孢子，从而完成担孢子—单核菌丝—双核菌丝—担孢子的完整生活史。

3.生长发育条件

(1) 营养。

①碳源。灰树花是木腐菌，板栗树等阔叶树木屑以及棉籽壳等常被用作栽培料，为菌丝生长提供纤维素、半纤维素、木质素等碳源。灰树花对碳源的利用相当广泛，对小分子单糖、双糖、多糖均可利用，其中葡萄糖是最佳碳源。

②氮源。麦麸、米糠、玉米粉等为灰树花生长提供蛋白质、氨基酸等氮源。灰树花对有机氮的利用强于无机氮，有机氮的提供以天然农副产品麦麸为最好。

③维生素和矿质元素。维生素在麦麸、玉米粉中含量较多，一般不用额外添加。大量元素和微量元素在培养料中也普遍存在，可以满足灰树花菌丝正常生长，一般不需添加。

(2) 温度。灰树花菌丝在5～32℃均能生长，最适生长温度范围在20～26℃；原基的形成温度为18～22℃；子实体在10～25℃均能生长，最适生长温度为16～22℃。灰树花具有恒温结实的特性。

(3) 湿度。灰树花栽培料的含水量在60%～65%最为适宜，

菌丝生长阶段最适空气相对湿度65%～70%，子实体生长阶段空气相对湿度需达到85%～95%。

（4）光照。灰树花菌丝生长阶段不需要光照，菌丝长满培养容器并经历后熟期后，原基形成需少量散射光，进入蜂窝期后，子实体分化开片需要200～1000勒克斯的光照。光照强度弱时，子实体颜色浅；光照强度强时，子实体颜色深。

（5）空气。灰树花菌丝生长阶段对二氧化碳浓度要求与其他食用菌类似，控制在0.25%以下即可。子实体生长发育阶段灰树花耗氧量大，对二氧化碳浓度极为敏感，须控制在0.1%以下，通风不足时，子实体难开片，易出现畸形。

（6）酸碱度。灰树花适宜在微酸性环境中生长，菌丝生长最适宜的pH为5.0～6.5。

（三）设施栽培技术

1.场地和设施设备　灰树花栽培场地的环境要求、设施布局以及建造原则应遵循《食用菌生产技术规范》（NY/T 2375—2013）的规定。

根据栽培工艺，厂区应从结构和功能上满足灰树花生产需要，应合理安排相应的设施设备以及相互区分的功能区域，包括原材料堆放场、仓库、拌料区、装袋区、灭菌区（半封闭）、冷却区、接种区、培养区、出菇区、菌种储藏室以及菌种制备区等。具备对温度、湿度、通气、光照等环境条件进行人工调控的功能。设备一般应设有磅秤、搅拌机、自动/半自动装袋机、环保蒸汽锅炉、高压蒸汽灭菌锅、接种机、环境控制系统等设备，应具有备用电源。

应根据场地特点和生产要求合理布局，生产区与原料库、成品库、生活区应严格分开。做到人流与物流的分离、有菌区与无菌区的隔离。栽培环境控制系统、水电等设施应和生产规模相匹配，并符合相关质量安全标准，保证人身安全。锅炉、灭菌锅等压力容器应通过相关部门检验合格后使用，并定期检查、维护和校验。

2.栽培季节　若采用设施大棚或者林下拱棚等进行季节化出菇，一般可春季栽培和秋季栽培。春季在1—3月制菌包，4—6月出第一潮菇；秋季在8—9月制菌包，10—12月出第一潮菇，或菌包越冬后至翌年春季出菇。可视海拔和地域差别进行调整。若采用工厂化出菇房或环控出菇大棚栽培，则可周年生产。

3.菌种生产　灰树花母种培养基一般采用PDA培养基（马铃薯200克，葡萄糖20克，琼脂20克，用水定容至1升）。

原种和栽培种的培养基配方如下。

配方1：杂木屑35%，棉籽壳35%，麸皮23%，玉米粉5%，石膏粉1%，红糖1%。

配方2：杂木屑42%，棉籽壳30%，麸皮18%，玉米粉9%，石膏1%。

配方3：阔叶树木屑42%，棉籽壳33%，麦麸12%，玉米粉10%，红糖1%，过磷酸钙1%，石膏粉1%。

配方4：板栗树木屑45%，棉籽壳35%，麦麸10%，玉米粉8%，红糖1%，石膏粉1%。

配方3和配方4来自《灰树花安全优质生产技术规程》（DB 37/T 1658—2020）。母种、原种、栽培种的生产应遵循《食用菌菌种生产技术规程》（NY/T 528—2010）的规定，其质量应符合《食用菌菌种通用技术要求》（NY/T 1742—2009）的要求。栽培种也可作生产用。

母种的试管或培养皿无破损，封口处干燥洁净，棉塞或胶塞松紧适度；菌种菌龄适宜，培养基边缘与容器紧贴；菌丝纯白色，长满斜面或培养皿，形态均匀平整，边缘整齐，无角变；菌丝无异常色泽和形态，无酸臭或霉变等异味。原种和栽培种的菌种瓶或者菌种袋表面完整，无破损，封口处干燥洁净，棉塞或塑料盖上无污染，松紧适度，培养基颜色正常；菌丝纯白色，长满容器，形态均匀，无杂菌菌落，无拮抗线，无高温抑制线，无原基，无酸臭或霉变异味。液体菌种的菌液澄清，不浑浊，无酸臭等异味，

基本无泡沫；菌球及片段形态饱满、均匀，密集。

各级菌种应详细记录品种名称、接种人员、接种日期、培养时间等相关信息；如需入库储存，记录入库时间、入库人、存储位置、入库数量、类型、保存温度、保存湿度等信息，形成溯源体系。

做好留样保存，用作备查直到第一潮菇出菇结束。母种留样数量每批次3～5支，于4～6℃下储存，原种和栽培种每批次留样3瓶（袋），于1～4℃下储存。

4.栽培基质要求　木屑、棉籽壳、麦麸、玉米粉、石膏等原辅材料的质量应符合《食用菌栽培基质质量安全要求》（NY/T 1935—2010）。主料、辅料应来自安全生产农区，无虫、无螨、无霉变、无腐烂。不使用来自污染农田或污灌区农田的原料。栽培原料应在通风干燥的环境中贮存，防止滋生害虫和霉变。培养料制备、出菇期喷水等生产用水应符合《生活饮用水卫生标准》（GB 5749—2022）的要求。如需覆土，土壤质量也应符合NY/T 1935—2010的要求。除草炭土外，覆土应来自清洁农田，不应使用污染农田或污灌区农田的土壤作覆土，覆土使用前应采用物理方法进行消毒和灭虫，如暴晒、热处理。

5.栽培菌包（瓶）制作

（1）容器规格。灰树花生产可选用耐高温的聚丙烯塑料袋或塑料瓶作为容器。塑料袋的折径为（17～22）厘米×（30～38）厘米或（15～18）厘米×（50～58）厘米，厚度为0.005厘米，或附透气膜的聚丙烯方形栽培袋，口径约20厘米×12厘米，高约44厘米，容量8 500～9 000毫升，附1个透气孔径约25毫米的透气过滤膜。塑料瓶可按照实际需要选用850毫升或1 100毫升规格。

（2）菌包（瓶）制备。按照配方准确称取原辅材料，将棉籽壳提前预湿，其他原料和辅料先不加水。充分搅拌，完全混合均匀后，加入棉籽壳搅拌均匀，再加入水，调节含水量到65%左右。

拌料结束后，应及时装料，防止环境温度高时培养料酸败。

视容器规格不同，采用的装料机和装料量不同，一般17厘米×33厘米菌包装料量为1千克左右，17.5厘米×38厘米菌包装料量为1.4千克左右，15厘米×50厘米菌棒装料量为1.6千克左右，20厘米×12厘米×44厘米方包的装料量为2.5千克左右。采用机械装料，调整装料机参数，选择所需装料量和装料高度，要求紧实度及装料高度均匀一致，无破损。装好后，盖盖子，装筐，上架，转移至灭菌锅。短的菌包和菌瓶一般在料面中央打直径2厘米左右接种孔，透气方包一般将培养基压紧成高度为15厘米左右的方块状，打2个直径约为1.5厘米的接种孔。

　　装好的菌包应尽快灭菌，采用常压蒸汽灭菌或者高压蒸汽灭菌。常压蒸汽灭菌在料温达97～100℃的状态下保持12～16小时，高压蒸汽灭菌在料温达112～118℃的状态下保持6～8小时或者121～125℃的状态下保持2～3小时。灭菌结束，待灭菌锅内温度自然降至70℃左右时，把菌包转移到冷却室冷却，切忌培养基急速冷却而引起袋外空气进入袋内造成污染。

视频21
灰树花菌包装料（上海永大菌业　提供）

　　6.接种　将灭菌后的培养基进行充分冷却，待料温降至28℃以下时，在无菌条件下进行接种。接种室提前采用熏蒸、紫外线照射、臭氧发生机等方法进行消毒，保持正压，进入接种室的新风应经高效过滤。接种人员更换无菌室专用实验服、鞋、帽、手套和口罩，经风淋室洁净后进入接种室。接种用具、接种机、传送带、菌种外袋等提前用75%酒精或新洁尔灭等消毒剂进行表面消毒。

　　灰树花目前有固体接种和液体接种两种方式，按照需求选择固体接种机、液体接种机或人工接种。一般从容器口接入，固体接种每个孔接种25～30克菌种，液体接种每袋或每瓶接种20～40毫升。长菌棒接种时在无菌条件下打3～4个孔，接种孔直径1.5厘米左右，深度2.0～2.5厘米，接种后需要套外套袋或者贴透气胶带以封好接种孔。方包接种后封口的同时要折叠菌袋，在透气膜处留出原基形成的空间。接好种后，转移至培养室培养。

7.培养　培养室保持清洁、干燥、卫生、通风，提前2天进行消毒。培养期温度控制在22～25℃，空气相对湿度控制在65%～75%，二氧化碳浓度控制在0.25%以下，在

视频22　　　　　视频23
灰树花菌包打　灰树花液体菌种
孔（上海永大　接种（上海永大
菌业　提供）　菌业　提供）

避光条件下进行培养。可采用层架式、网格式等方式培养，菌棒亦可按"井"字形堆放，堆放时注意保持接种孔透气。

接种后，每天观察菌丝生长情况，发现杂菌污染要及时清理出培养室。"井"字形堆放的菌棒需要在菌丝生长前端距离接种孔6～10厘米时去除外套带，在接种孔周围刺孔4～6个，同时进行翻堆。视培养条件进行第二次和第三次翻堆，并逐渐减少堆叠层数。菌丝长满菌棒后，在菌棒周身刺孔30个左右。接种25～35天后，多数灰树花品种的菌丝可发满菌包（图4-86）。

图4-86　层架式发菌（上海永大菌业有限公司　提供）

8. 催蕾

（1）容器口自然出蕾。自然出蕾方式是指不进行人为干预，灰树花原基从容器口接种处自然长出（图4-87）。菌丝长满后，一般再后熟15～20天，容器口表面菌丝扭结形成菌皮，然后逐渐隆起，会形成白色、灰白色或深灰色的小原基，此时及时去除容器盖口，避免损伤原基。温度控制在17～21℃，湿度控制在80%～90%，二氧化碳浓度控制在0.2%以下，光照度为300～500勒克斯，注意尽量使光照均匀。原基经过7～10天，发育成脑状体时，可转入出菇室进行出菇管理。方包培养时后熟阶段适当提高空气相对湿度，防止透气膜位置表面菌皮干燥失水。

图4-87　袋口自然出蕾

自然出蕾的方式节省了人工割口的工作量，但易发生原基出现整齐度不一致的情况，造成培养室利用率下降，能耗增加。

（2）割口出蕾。割口出蕾即人为在菌丝浓密处搔菌，使得菌丝在恢复后重新扭结出蕾，提高群体一致性和整齐度。菌丝发满后熟10～15天后，用开孔器在菌包或菌棒的菌丝浓密处开圆形口，或者用消毒的刀具开V形口（图4-88），割口后刮去洞内菌皮和培养料。一般圆形口直径2～3厘米，深度0.5厘米左右；V形口边长1～2厘米，深度0.2～0.5厘米。割口处不能挤压，保持通风良好，洞口用塑料袋覆盖开口处，保持湿度。此时转入催蕾室，催蕾室温度17～21℃、空气相对湿度85%～95%，光照度200～500勒克斯，大约7天后，开口处菌丝经历恢复、扭结，会出现白色至灰色凸起物，即为原基（图4-89，图4-90）。原基形成后可适当增加光照，但未分化成明显的蜂窝状之前，不能直接向原基喷水，只可用雾状水加湿或者地面加湿来提高湿度。

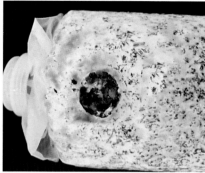

图4-88　V形口（左）和圆形口（右）开口方式

图4-89　短菌包割口出蕾　　　　图4-90　长菌棒割口出蕾

　　9.出菇　将形成原基的菌包移到出菇房（棚），排放于地面、层架或者网格上（图4-91至图4-94），温度控制在18～20℃，空气相对湿度控制在90%～95%，光照度保持在500～1000勒克斯，二氧化碳浓度控制在0.05%～0.10%。原基出现蜂窝状并开始分化叶片时，耗氧量高，此时要加大通风，并保持湿度，防止出现鹿角状或者喇叭状的畸形菇（图4-95）。

　　大棚栽培时保持散射光，避免阳光直射，避免风直吹。视天气情况适当通风，高温阴雨天多通风，低温大风天少通风。原基分化出叶片，形成子实体后，根据大棚湿度每天喷雾状水1～2次。

图4-91 袋口网格式出菇（上海永大
菌业有限公司 提供）

图4-92 割口层架式出菇（上海永
大菌业有限公司 提供）

图4-93 大棚地面出菇

图4-94 瓶栽层架式出菇

图4-95 畸形菇

10.采收 灰树花子实体在适宜条件下，从形成原基到子实
体成熟，一般需要20天左右。在子实体扇形菌盖背面的菌孔形成

并开始蔓延时采收为好。过早采收子实体发育不完全，影响产量；过晚采收则子实体老化，喷射孢子，影响品质。采摘时可用刀从子实体基部割下，也可双手将子实体托住，向上用力整朵采下。采收后的子实体可鲜销、可干制。菌渣可用于生产其他食用菌或者用作肥料。

11.覆土养菌或出菇　灰树花的栽培方式多样，工厂化栽培时一般仅在袋内或者瓶内出一潮菇，二潮覆土养菌或覆土出菇，或者一二潮均覆土出菇，转潮次数视当地栽培模式而定。

(1)*覆土养菌*。覆土养菌以浙江庆元的二潮出菇为例。庆元的灰树花二潮出菇从覆土出菇过渡到了覆土养菌，非覆土出菇模式。丽水市地方标准《灰树花生产技术规程》(DB 3311/T 239—2023)推荐的二潮去土出菇方式如下。第一潮出菇结束后，当年春季出菇的菌棒，6—7月进行覆土养菌，秋季栽培的菌棒，在12月至翌年3月进行覆土养菌。覆土挖畦养菌时，畦宽0.5～0.9米，畦间距0.6米。排放菌棒前，在畦底和畦边撒一层石灰粉，将菌棒料袋脱掉3厘米×10厘米的条状，脱袋面紧靠在一起"品"字形排列2层。畦内菌棒排好后，覆土5 cm，填土时先填周边，后填中间，先细土，后粗土，畦面呈龟背状，在养菌期间保持通风。出菇前的10～15天，将菌棒上表面泥土去掉，再用清水洗干净菌棒表面的泥沙，在大棚地面采用割口出菇方式，在菌棒上盖一层遮阳网或纺织袋，每天喷水1～2次，保持湿润。菇蕾长至2～3厘米时，去除遮盖物，根据菇棚湿度每天喷雾状水1～2次，保持棚内温度控制在15～23℃，空气相对湿度控制在80%～90%，大棚口底部增加0.6米左右高的挡风帘避免风直吹原基或子实体。

(2)*覆土出菇*。河北省地方标准《地理标志产品 迁西栗蘑》(DB 13/T 5278—2020)推荐的一潮覆土出菇方式如下。选择地势高、避风、向阳且不积水的板栗树林地或空旷的平地，水源充足，交通方便，通风良好，远离污染源和大型工矿企业。4月上旬至5月上旬，挖东西走向的小畦，畦长2.5～3.0米、宽45～55厘米、深25～30厘米，间距60～80厘米。栽种前用生石灰消毒。脱袋后顺畦摆放，横竖对齐，畦面填片麻岩风化土，土厚1.5～2.5厘米。浇水后再覆土，土厚1.0～1.5厘米。将畦埂用地膜覆盖，在畦上搭建小拱棚或双管-双网-单膜-双带的中型拱棚。浇水2～3次后在出现原基前摆放直径2～3厘米的石子。出菇前每隔5～7天浇1次透水。棚的两端留10～15厘米的通风口，保持棚内空气新鲜。出菇时温度20～26℃，空气相对湿度85%～95%，每天通风2～3次，每次0.5～1.0小时，光照度300～1 000勒克斯。

湖北省地方标准《灰树花栽培技术规程》（DB 42/T 1840—2022）推荐的二潮覆土出菇方式如下。第一次出菇后的菌棒就地堆放在出菇棚或者堆放在避雨、阴凉、干净、通风场地，按"井"字形堆放，进行养菌修复、安全越夏或者越冬管理。在第二次出菇前，清理栽培棚内外及四周的杂草和其他废弃物，喷洒农药进行杀虫杀菌，在四周和畦沟内撒生石灰。覆土选用沙性的山表土或田表土，土壤颗粒1厘米以下，在覆土前15天对土进行杀虫杀菌处理。在菇棚内挖深18～20厘米的阴畦，畦宽100～120厘米，走道宽60～70厘米，挖好后一次性给足水分。将第一次出菇后的菌棒从中部沿纵向撕下长25厘米、宽10厘米的菌袋，挨个紧靠横向排放于畦内，上下2层"品"字形摆放，菌棒划口裸露处对接。下面一层菌棒间缝隙和菌棒两头覆土后再摆上面一层。上层菌棒之间缝隙和菌棒两头覆土后将畦整个覆土，保证上面一层菌棒有1～2厘米土层覆盖。

覆土后放下塑料薄膜，棚内空气相对湿度80%～90%、温度15～20℃。一次性给足水后保持畦面湿润，当覆土层呈干白色时向畦面喷雾状水，土壤水分60%～65%，光照度控制在20～50勒克斯。覆土后30～45天，菌棒快形成原基时，清除畦表面覆土层，使上面一层菌棒有2/3裸露在外，并用水清洗表面。10～15天后，即可看到呈球状的灰白色原基，将光照度从200勒克斯逐渐增加到500勒克斯，促使子实体分化。

12.病虫害防控 灰树花生产中遇到的主要杂菌有木霉、青霉、黄黏菌、细菌等；主要害虫有菌蚊、菌蝇、菌螨等。灰树花

病虫害主要防控措施有：①使用抗性强、优质丰产、适应性广的品种，保证菌种质量，不使用老化、退化或者有污染的菌种；②发菌场所和出菇场所用前用后全面消毒；③发菌期保持环境干净整洁、通风良好、降低湿度；④发菌期及时检查菌丝生长情况，一旦发现污染菌包，及时清理，集中处理；⑤应采用多项物理方法综合防控虫害，如通风处安装防虫网、棚内挂黄色粘虫板、及时清理接虫袋、管理好通风口、防止外来虫源进入等。

╋、绣球菌

（一）概述

绣球菌又称花瓣茸、花椰菜菇、对花菌、蜂窝菌等，是一种极具市场开发前景的食药兼用菌。其气味清香，肉质脆嫩，口感极佳，不仅营养丰富，还含有独特的抗菌素、多糖等物质，对心脑血管疾病等具有一定的治疗效果，近几年来备受大家关注。绣球菌隶属担子菌门，蘑菇纲，多孔菌目，绣球菌科，绣球菌属。绣球菌野生资源稀少，主要分布于欧洲、北美洲、亚洲东南部及东北部，宿主主要为松、杉、柏等针叶树木。绣球菌营养方式较为特殊，人工栽培难度较大，目前该属中可人工栽培的种类为广叶绣球菌（图4-96）。2000年后，除了日本、韩国外，我国是世界上成功实现绣球菌人工栽培的第三个国家。近年来，福建、四川、上海、山东、吉林、浙江等省份先后进行绣球菌栽培试验研究，取得了突破性进展，目前，广叶绣球菌已经进入商业化生产。

（二）生物学特性

1.形态特征　绣球菌因外形极似绣球而得名，鲜品含有浓郁的特殊芳香气味，子实体白色至奶黄色，体型较大、肉质。绣球菌菌柄基部呈树根状，在一个粗壮的柄上发出许多分枝，枝端形成无数曲折的瓣片，瓣片似银杏叶状或扇形，较薄，边缘弯曲不平。子实体晒干后颜色变深，质硬而脆，复水后瓣片质地韧性加强。子实体菌丝胶黏状、无色，菌丝直径8～14微米，髓层及亚子实层菌丝均可见锁状联合；担子上着生4个担孢子，担孢子无色，光滑，卵圆形至球形，（4.0～5.0）微米×（4.0～4.6）微米。

绣球菌营养体为有隔菌丝，粗细不均，有分枝，双核菌丝有锁状联合。菌丝在培养基上生长较慢，基内菌丝丰富，气生菌丝极弱，菌落边缘整齐，呈白色，菌丝老熟后常分泌大量草酸，使培养基酸化颜色加深。

图4-96　野生广叶绣球菌（左）栽培广叶绣球菌（右）

2.生活史　绣球菌是典型的异宗结合真菌。不同担孢子萌发的单核菌丝之间可通过胞质融合形成异核的双核菌丝，双核菌丝经核融合进行遗传物质的交换，生长发育形成子实体，子实体的子实层中形成单核的担孢子，从而完成了一个由担孢子萌发至担孢子脱落的完整生活史。

3.生长发育条件

（1）营养。

①碳源。绣球菌菌丝需通过胞外酶将纤维素、半纤维素、木质素、淀粉、果胶等大分子碳源降解为小分子糖类才能吸收利用，但绣球菌对木质素利用能力相对较差。在绣球菌生长中，多糖中可溶性淀粉是最佳碳源，生产中可酌情添加；双糖中麦芽糖为最优碳源；单糖中葡萄糖为最优碳源。故制作母种培养基时，可将

麦芽糖和葡萄糖作为绣球菌菌丝生长的最佳碳源。

②氮源。氮源是绣球菌合成核酸、蛋白质和酶类的原料，对菌丝生长发育有着至关重要的作用。绣球菌菌丝对有机氮源的利用优于无机氮源，有机氮源中以蛋白胨为最佳。无机氮源以硝酸钾为佳。从生长指数看，综合菌丝速度、菌落直径等参数，蛋白胨为绣球菌利用的最佳氮源，玉米粉也可以作为绣球菌栽培基质中的氮源添加。

③维生素和矿质元素。维生素B_1和维生素B_2对绣球菌菌丝生长有促进作用，维生素B_4（腺嘌呤）对绣球菌的促进作用最显著。因此，在配制绣球菌培养基过程中，可向培养基中添加一定量的维生素，以达到加快菌丝生长的目的。无机盐是绣球菌生命活动中必不可少的营养因子，在细胞生理活动中起到维持渗透压的作用，其中的矿质元素可作为各种酶的激活因子或辅助因子，如钾、钙、镁等。添加一定质量浓度的无机盐到培养基中可促进绣球菌菌丝的生长。

（2）温度。菌丝生长的适宜温度为24～26℃；子实体发育的适宜温度为17～19℃，温度太高或太低都难以形成子实体。

（3）湿度。在菌丝生长阶段，空气相对湿度控制在60%～65%为宜。在子实体生长阶段，绣球菌对湿度的要求较高，空气相对湿度应保持在85%～90%，当空气相对湿度低于80%时，子实体易干瘪，空气湿度过饱和时，原基易腐烂。

（4）光照。菌丝生长适宜弱光、暗光或无光；子实体生长阶段需要一定光照诱导。实验表明，光照度控制在500～800勒克斯时，才能维持绣球菌子实体的正常发育。

（5）空气。绣球菌是好气性真菌。当空气中二氧化碳浓度超过1%时会阻碍菌丝生长，子实体畸形呈珊瑚状，瓣片窄小或瓣片上生出毛刺状凸起；二氧化碳浓度超过5%时，子实体发育终止。因此在子实体生长发育时期，应保持场地空气流通。

（6）酸碱度。绣球菌适宜在偏酸性条件下生长，培养基的pH在3.5～7.0时，菌丝可以正常生长，最适pH为4～5，pH超过7.5

时菌丝生长会受到阻碍，pH低于3时菌丝难以生长。

（三）设施栽培技术

1.设施要求　因为绣球菌对生长环境要求极为苛刻，生长速度十分缓慢、成熟期较长，自然气候条件下难以满足它们对环境因素的要求，所以目前均采用工厂化进行栽培（图4-97）。菇房最好选在交通方便、近水源、环境干净、土质肥沃的地方，整个厂房分为配料间、接种室、菌种培养间、出菇房、烘干室等。

菌种培养室和出菇房都要安装增、降温设施和空气湿度调节设施，尤其要注意的是出菇房，还要安装喷雾设施，以模拟绣球菌的自然生长环境。另外，整个厂房都要装备紫外线消毒设施，以保证每天消毒工作的按时进行。

2.栽培工艺流程　培养料配制—拌料—装袋—灭菌—冷却—接种—菌丝培养—开袋口—催原基—出菇管理—采收。

3.菌种生产

图4-97　绣球菌工厂化栽培

（1）母种的制备。原始母种可从野生子实体上进行分离，通过一系列育种方法最终获得可稳定生产品种。菌种制作过程要求严谨，应从正规的机构或科研单位购买，进行母种扩繁。

绣球菌常见母种培养基配方有以下几种。

配方1（PDA培养基）：马铃薯200克，葡萄糖20克，琼脂20克，水1升。

配方2（PDPA培养基）：马铃薯200克，葡萄糖20克，琼脂20克，蛋白胨2克，水1升。

配方3（全配方培养基）：马铃薯200克，葡萄糖20克，琼脂20克，蛋白胨2克，磷酸二氢钾2克，硫酸镁0.5克，维生素B_1 10毫克，水1升。

配方4：玉米粉60克，葡萄糖10克，琼脂20克，水1升。

按食用菌母种常规制作方法，将准备好的培养基按配方依次倒入锅内（琼脂粉最后加入），边加热边搅拌，琼脂粉完全融化后进行试管分装。经121℃高压灭菌30分钟，在适宜温度下进行培养基斜面固定及冷却。在严格无菌操作条件下，进行菌种扩繁，并记录好接种时间，将接种后的试管放入25℃的恒温培养箱中，培养20天左右菌丝即可长满。

正常母种菌丝体洁白、健壮、浓密、均匀、绒毛状、生长整齐，菌落舒展、边缘整齐、无色素、无肉眼可看到的污染物、均匀地分布在试管斜壁上。反之，菌丝体暗淡、稀疏、生长不整齐、菌落紧皱、边缘不整齐、有黄色液滴分泌、培养基内有色斑沉淀、有肉眼可观察到的污染物、试管有破裂等均为劣质种。

（2）原种制作。培养基配方为木屑76%，麦麸18%，玉米粉2%，蔗糖1.5%，石膏1.5%，过磷酸钙1%。

按照培养基配方比例准备好各项原辅材料后，将各种原辅料倒入搅拌机中进行混合，并搅拌均匀，培养料的含水量控制在60%～65%。将配置好的培养料直接装入培养基容器内，装料时要用力压实，这样有利于菌丝的生长。培养料装好后务必及时装进容器内进行消毒灭菌，否则培养料会发酵，造成细菌繁殖，影响灭菌效果。

灭菌温度126℃、压力0.15兆帕的时候，有效灭菌时间为2小时。灭菌结束后原种瓶需进行充分冷却，每支母种接种5～6瓶原种。接种后培养室温度控制在22～25℃，避光，保持空气相对湿度60%。在培养期间定期检查，及时淘汰劣质菌种和污染源。60天左右，菌丝可长满瓶。

（3）栽培种的制作。绣球菌使用栽培种做栽培棒进行出菇生产。栽培配方如下。

配方1：木屑78%，面粉10%，玉米粉10%，糖1%，碳酸钙1%。

配方2：杂木屑56%，棉籽壳25%，麦麸16%，石膏粉1.3%，生石灰1.5%，磷酸二氢钾0.2%。

制作方法如下。

①拌料。根据生产计划，把主料、辅料按比例倒入搅拌机进行搅拌，将糖、碳酸钙等添加量较少的料先加入到水中，力求含水量和养分均匀一致，含水量要控制在60%～65%，搅拌均匀以后方可装袋。

②装袋。装袋时，一定要将培养料压实，每袋装料650～700克，约占整袋体积2/3。装袋过程中切忌栽培料刺破菌袋，装袋完成后应立即灭菌。

视频24
绣球菌装袋

③灭菌。装袋完成后，将菌袋全部装入高压灭菌锅中进行高温高压灭菌处理，当温度达到126℃、压力达到0.15兆帕时，保温2小时，然后，待温度和压力下降后，将菌袋移入强冷室进行降温冷却。

④接种。绣球菌生产目前采用固体接种方式。接种前，点燃酒精灯，用酒精棉擦拭接种钩、刀片，并用火焰进行灼烧，然后用刀片将原种瓶上层菌种除去2厘米左右。再用接种钩取1块菌种放入菌袋内，塞紧后，要及时将栽培袋扎紧，如此反复，1瓶原种可以接种25～30袋栽培棒。

视频25
绣球菌接种

⑤培养温度。菌丝生长的最适宜温度为24～26℃，到菌丝盖面之前，室内温度控制在25℃左右，以利于接种菌块萌发生长。当菌丝生长盖面以后，会产生生物热，使菌袋内的温度比袋外的温度高2～3℃，因此，袋外温度以22～24℃为宜。需要注意的是，绣球菌的菌丝生长比较缓慢，培养室的温度要保持适温状态，这对加速菌丝生长是至关重要的。

⑥培养湿度。发菌室要保持相对干燥，空气相对湿度以60%～65%为宜。

⑦其他培养条件。菌丝生长阶段需保持空气新鲜，培养室的二氧化碳浓度要保持在0.3%以下，有利于菌丝生长。菌丝培养前30天无需光照，以黑暗条件培养为宜。

4.出菇管理 绣球菌要经过3个多月的时间才能完成出菇的过程，出菇间温、湿、光三要素协同作用，是影响绣球菌产量、质量的关键。管理上必须满足原基分化及子实体发育对环境的要求。

(1) 诱发原基。栽培袋接种35天后，料面菌丝开始向上爬壁，此时需要散射光照射，以诱导原基分化，促进菌丝从营养生长向生殖生长转化。在黑暗条件下菌丝难以完成生长转化，而强光照射下，菌丝生长也会受到抑制。通常，以保持500～800勒克斯的散射光为宜。处理30天后原基出现，将菌袋转移到出菇间进行后续管理。

(2) 开袋。在进入出菇间的2～5天，要及时将袋口松开，只需要打开袋口即可，以保证袋内维持适宜的空气相对湿度，同时也能让菌袋逐渐适应空气环境，有利于原基的形成。

袋口松开2～3天，再将袋口撑开并向下折叠，以促进原基进一步形成。开袋后的培养温度应调整至16～20℃，空气相对湿度保持在90%～95%为宜，培养30天后，菌袋颈口周围可见菌丝聚集扭结，发育快的已有原基块出现。

(3) 促进原基分化。原基形成后，要将空气相对湿度调整至95%以上。原基不断增大，表面会吐出水珠，出现瘤状突起组织，即原基进入分化阶段。

当原基形成并开始分化的时候，要进行及时开袋。开袋时，要根据原基叶片分化大小及原基着生的部位来决定开袋方式。

如果原基着生在袋口处正中央的料面上，属于正常发育，用常规的开袋手法，直接将袋口打开就可以了，又称为长袋口开袋培养方式。如果原基着生在底部及四周袋壁，就要割开塑料袋膜。在开袋之前，首先要点燃酒精灯，用酒精棉擦拭剪刀，并在火焰上进行灼烧，然后再进行开袋的工作。开袋时，将包裹住子实体的袋子全部剪下即可。需要注意的是，每开1个菌袋都要将剪刀消毒1次，以确保开袋操作的干净卫生。这一方式称为割袋栽培方式。

原基形成至分化结束需要20天左右，其间务必使用雾化加湿方式，避免袋口形成水珠而造成原基腐烂发生。

（4）瓣片生长管理。原基分化后，需加强散射光照射，光强调整为800～1000勒克斯，在这样的环境条件下培养30天后，当子实体瓣片逐渐展开，瓣片高度超过袋口时，还要将袋子的一侧剪开，并向下撕开将袋口折下，使子实体全部暴露在外面，这样有利于子实体的正常生长发育。

（5）采收。绣球菌子实体发育成熟期无明显标志，只要生长环境适宜，子实体的分枝、瓣片就会不断地伸展。但是从商品价值、外观、营养成分及生产成本等方面综合考虑，不能无限期地延长栽培时间。建议采收标准如下。

①朵形判断。叶片展开、边缘呈现波浪状，背面略现白色刺状凸起，菇体健壮美观。

②颜色判断。子实体叶片颜色由白色转向淡黄色时即可采收。采收前12小时，停止喷雾。

采收时，将成熟的子实体挑出，用刀片从基部割下即可。采收后可以直接上市鲜销，鲜品耐储藏性好，一般在温度3～5℃条件下可保鲜15天左右。

视频26
绣球菌采收

如制干品，子实体采收后需先经热风或阳光暴晒脱水，之后再烘干（图4-98）。菇体含水量较高，烘烤初期要严格控制温度，掌握先低后高的原则。从30℃开始，逐渐升高且结合通风排气，但温度不得超过60℃，温度过高，菇体易烤焦。烘烤正常的菇体颜色为黄褐色，香气浓郁。

图4-98　绣球菌干品

参考文献

边银丙，2016.食用菌病害鉴别与防控[M].郑州：中原农民出版社.

丁湖广，丁荣辉，1992.真菌皇后：竹荪制种与栽培新技术[M].北京：农业出版社.

董娇，孙达锋，邵丽梅，等，2023.我国黑木耳产业与标准化发展现状分析探讨[J].中国食用菌，42(6)：114-120.

胡建平，吴银华，吴应淼，2015.灰树花二潮菇非土覆盖栽培技术初报[J].食用菌，37(4)：43.

黄年来，1993.中国食用菌栽培学[M].北京：中国农业出版社.

孔祥君，王泽生，2000.中国蘑菇生产[M].北京：中国农业出版社.

李长田，李玉，2021.食用菌工厂化栽培学[M].北京：科学出版社.

李玉，康源春，2020.中国食用菌生产[M].郑州：中原农民出版社.

刘伟，何培新，时晓菲，等，2022.我国羊肚菌栽培历程及相关基础研究进展[J].食药用菌，30（4）：261-270.

卢政辉，廖剑华，蔡志英，等，2016.杏鲍菇菌渣循环栽培双孢蘑菇的配方优化[J].福建农业学报（7）：723-727.

谭琦，2016.中国香菇产业发展[M].北京：中国农业出版社.

王贺祥，刘庆洪，2014.食用菌栽培学[M].北京：中国农业大学出版社.

王俊，2023.广叶绣球菌野生株与驯化株比较分析[D].沈阳：沈阳农业大学.

王泽生，王波，卢政辉，2010.图说双孢蘑菇栽培关键技术[M].北京：中国农业出版社.

张金霞，蔡为明，黄晨阳，2020.中国食用菌栽培学[M].北京：中国农业出版社.

周峰，董浩然，章炉军，等，2023.香菇菌棒集约化生产技术规程[J].上海农业学报，39（3）：100-108.

图书在版编目（CIP）数据

设施食用菌生产技术：视频图文版 / 曾辉等编著.
北京：中国农业出版社，2025.1. -- （码上学技术）.
ISBN 978-7-109-32257-8

Ⅰ.S646

中国国家版本馆CIP数据核字第2024LS9689号

中国农业出版社出版

地址：北京市朝阳区麦子店街18号楼
邮编：100125
责任编辑：李　瑜　黄　宇　文字编辑：银　雪
版式设计：王　晨　　责任校对：张雯婷　　责任印制：王　宏
印刷：中农印务有限公司
版次：2025年1月第1版
印次：2025年1月北京第1次印刷
发行：新华书店北京发行所
开本：880mm×1230mm　1/32
印张：5.25
字数：146千字
定价：39.00元